淡水虾蟹
饲料科学配制与饲养手册

DANSHUI XIAXIE
SILIAO KEXUE PEIZHI YU
SIYANG SHOUCE

王纪亭　宋锦　主编

化学工业出版社

·北京·

图书在版编目（CIP）数据

淡水虾蟹饲料科学配制与饲养手册 / 王纪亭，宋锦主编. -- 北京：化学工业出版社，2025.4. -- ISBN 978-7-122-47414-8

Ⅰ.S966.1-62

中国国家版本馆 CIP 数据核字第 2025ZQ9190 号

责任编辑：邵桂林　　　　　　文字编辑：杨永青　张熙然
责任校对：宋　玮　　　　　　装帧设计：韩　飞

出版发行：化学工业出版社
　　　　　（北京市东城区青年湖南街 13 号　邮政编码 100011）
印　　装：北京云浩印刷有限责任公司
850mm×1168mm　1/32　印张 6½　字数 153 千字
2025 年 5 月北京第 1 版第 1 次印刷

购书咨询：010-64518888　　　　售后服务：010-64518899
网　　址：http://www.cip.com.cn
凡购买本书，如有缺损质量问题，本社销售中心负责调换。

定　　价：35.00 元　　　　　　　　　版权所有　违者必究

编写人员名单

主　　编　　王纪亭　宋　锦

副 主 编　　史东辉　丁　雷

编写人员　　王纪亭　丁　雷
　　　　　　　　史东辉　宋　锦
　　　　　　　　李　建　贺永超
　　　　　　　　郭豪民　乔元明
　　　　　　　　许兰彬

前言 PREFACE

淡水虾蟹饲料
科学配制与饲养手册

近十年来,随着我国经济的快速发展和人民生活水平的日益提高,水产养殖业在我国乃至全世界的作用日益显现。中国作为世界水产养殖大国,无论是水产养殖规模还是水产科技人才的数量以及科研水平均居于世界前列。我国淡水养殖在技术和总产量上,均居于世界领先地位。为了给消费者提供更多的优质动物蛋白质,确保我国在这方面长期领先,淡水养殖科技工作者仍有大量的工作要做。为此,我们编写了《淡水虾蟹饲料科学配制与饲养手册》以指导淡水虾蟹养殖的实际生产。

《淡水虾蟹饲料科学配制与饲养手册》共分淡水虾蟹的营养需求、淡水虾蟹的饲料配制、罗氏沼虾的养殖、日本沼虾的养殖、克氏原螯虾的养殖、南美白对虾的养殖、河蟹的养殖、虾蟹病害的防治等八章内容。其中,王纪亭、李建、贺永超负责编写第一章,史东辉、郭豪民、乔元明负责编写第二章、第三章,宋锦、丁雷、许兰彬负责编写第四章、第五章、第六章、第七章、第八章。本书力求通俗易懂、科学实用,可供从事淡水虾蟹养殖的养殖户、科技人员、饲料公司技术人员以及高等院校水产养殖等专业师生参考。

由于编者水平所限,书中难免有不当之处,敬请读者予以批评指正。

编者
2025 年 1 月

目录

第一章 淡水虾蟹的营养需求　　1

第一节　淡水虾蟹的能量需求　/1
第二节　淡水虾蟹的蛋白质需求　/3
第三节　淡水虾蟹的脂类需求　/8
第四节　淡水虾蟹的糖类需求　/11
第五节　淡水虾蟹的维生素需求　/14
第六节　淡水虾蟹的矿物质需求　/19

第二章 淡水虾蟹的饲料配制　　23

第一节　淡水虾蟹的饲料原料　/24
第二节　淡水虾蟹的饲料配方设计　/32
第三节　淡水虾蟹的饲料加工工艺　/42
第四节　配合饲料的质量管理与评价　/45

第三章 罗氏沼虾的养殖　　49

第一节　罗氏沼虾的生物学特性　/50
第二节　罗氏沼虾的苗种生产　/57
第三节　罗氏沼虾的成虾养殖　/67

第四章 日本沼虾的养殖　　74

第一节　日本沼虾的生物学特性　/75

第二节 日本沼虾的人工育苗 /83
第三节 日本沼虾的成虾养殖 /88

第五章 克氏原螯虾的养殖　92

第一节 克氏原螯虾的生物学特性 /93
第二节 克氏原螯虾的苗种生产 /98
第三节 克氏原螯虾的成虾养殖 /101

第六章 南美白对虾的养殖　107

第一节 南美白对虾的生物学特性 /108
第二节 南美白对虾的苗种生产 /111
第三节 南美白对虾的成虾养殖 /118

第七章 河蟹的养殖　124

第一节 河蟹的生物学特性 /124
第二节 河蟹的人工繁殖和育苗 /129
第三节 河蟹仔蟹与幼蟹培育 /148
第四节 河蟹的成蟹养殖 /155

第八章 虾蟹病害的防治　174

第一节 虾蟹患病的原因和疾病预防 /174
第二节 常见的虾病 /181
第三节 常见的蟹病 /196

参考文献　202

第一章

淡水虾蟹的营养需求

虾蟹繁殖、发育和生长、维持活动和健康、修复损伤等所必需的物质和能量的总和,被称为虾蟹营养。所谓营养素是指能在虾蟹体内消化吸收、供给能量、构成机体及调节生理机能的物质,分为蛋白质、脂肪、糖类、维生素、矿物质和水六大类。在虾蟹人工养殖过程中,通过饲喂各种饲料来提供这些营养物质,主要提供蛋白质、类脂、糖、无机盐和维生素。

第一节 淡水虾蟹的能量需求

一切生命活动都需要能量,如各种细胞的生长、增殖,营养物质的消化、吸收和运输,体组织的更新,神经冲动的传导,生物电的产生,肌肉的收缩,代谢废物的清除等都需要能量。没有能量,虾蟹体内的任何一个器官都无法实现它的正常功能。

一、饲料营养素的能量

虾蟹所需能量主要来源于饲料中的三大营养物质,即蛋白质、脂肪和糖类,这些含有能量的营养物质在体内代谢过程中经酶的催化，通过一系列的生物化学反应，释放出贮存的能量。饲料中三大营养物质经完全氧化后生成水、二氧化碳和其他气体等氧化产物，同时释放出能量。各种物质氧化时释放能量的多少与其所含的元素种类和数量有关。糖类的平均产热量为 17154 焦/克；脂肪的平均产热量为 39539 焦/克；蛋白质的平均产热量为 23640 焦/克。能量的单位用卡（cal）和焦耳（J）表示。卡和焦耳的换算关系为：1 卡（cal）＝4.184 焦耳（J）。

二、饲料总能

总能（GE）是指饲料中三大营养物质完全氧化燃烧所释放出来的全部能量。总能不会被淡水虾蟹完全利用，因为在消化或代谢过程中，总有一部分能量损失，其损失的量与虾蟹的摄食量、饲料种类、水温、虾蟹机体的生理机能状态等诸多因素有关。

三、消化能

消化能（DE）是指从饲料中摄入的总能（GE）减去粪能（FE）后所剩余的能量，即已消化吸收养分所含总能量，或称之为已消化物质的能量。虽然饲料原料的种类、性状、饲料配合比例、水温、虾蟹机体大小等对饲料中各营养素的消化率都有影响，但各营养素之间的相互作用几乎不存在，因而，配合饲料中各个原料的可消化能之和与该配合饲料的消化能值相等。作为能量指标，消化能的这种加成性质在饲料配方实践中具有重要意义。

四、代谢能

代谢能（ME）是指摄入单位质量饲料的总能与由粪、尿及鳃排出的能量之差，也就是消化能在减去尿能和鳃能后所剩余的能量。其计算公式为：

$$ME = DE - (UE + ZE)$$

式中，ME 为代谢能；DE 为消化能；UE 为尿中排泄的能量；ZE 为鳃中排泄的能量。

五、净能

净能（NE）是指代谢能（ME）减去摄食后的体增热（HI）量，即 $NE = ME - HI$。净能是可以完全被机体利用的能量。它分为两个部分，一部分用于虾蟹的基本生命活动，如标准代谢、活动代谢等，这部分净能被称为维持净能（NEm），另一部分用于虾蟹的生长、繁殖等，被称为生产净能（NEp）。

虾蟹是变温动物，不需要消耗能量来维持恒定的体温；由于水的浮力，只需要较少的能量即可供给肌肉活动和维持在水中的位置。

第二节 淡水虾蟹的蛋白质需求

蛋白质是一切生命的物质基础，它不仅是生物体的重要组成成分，而且还是催化代谢过程中调节和控制生命活动的物质。一旦缺乏蛋白质，就会造成一系列生理障碍，导致虾蟹生长停滞，甚至死亡。虾和蟹身体组织主要来自饲料中的蛋白质。

一、蛋白质的生理功能

虾蟹组织和器官主要由蛋白质构成，因此对蛋白质的需要量比较高，为哺乳动物和鸟类的 2~4 倍，甚至更多。虾蟹对糖类的利用能力较差，因此蛋白质和脂肪是能量的主要来源，其生理功能如下：

① 供体组织蛋白质的更新、修复以及维持体蛋白质；

② 是构建机体组织细胞的主要成分，用于生长（体蛋白质的增加）；

③ 作为部分能量来源；

④ 组成机体各种激素和酶类等具有特殊生物学功能的物质。

二、蛋白质、氨基酸的代谢

虾蟹摄取饲料后，蛋白质在消化道中经消化分解成氨基酸后被吸收利用，在消化道内没有被消化吸收的物质以粪的形式排出体外。被吸收的氨基酸主要用于合成体蛋白质，一部分氨基酸经脱氨基后以氨的形式（也有以尿素和尿酸形式）通过肾和鳃排出体外。虾蟹在摄取无蛋白质饲料时，其排出的粪和尿中亦有含氮物质等代谢产物，从粪中排出的氮叫代谢氮，主要是肠黏膜脱落细胞、黏液和消化液所含有的氮；从尿排出及鳃分泌出的氮叫内生氮，主要是体内蛋白质修补更新时、部分体蛋白降解，最终由尿排泄及由鳃分泌的氮。

三、虾蟹对蛋白质和氨基酸的需求

虾蟹所需的能量主要来自蛋白质和脂肪而不是糖类，因此需要更高水平的蛋白质，蛋白质是决定虾蟹生长的最关键的营养物质，也是饲料组成中最大的部分。确定配合饲料中蛋白质最适需要量，在水产动物营养学和饲料生产上极为重要。虾蟹饲料对蛋白质的要求要高于鱼类饲料；不同品种的虾蟹由于生长周期以及饲养环境不同，对于蛋白质的需求量也不尽相同。如中国对虾，在虾苗时期需要的蛋白质含量为 $27\% \sim 43\%$，而长成之后则需要 40%～60%；白对虾在虾苗时期对蛋白质的需要量为 28%～32%，在长成之后需要 30%；有专家建议，质量大于 70g 的河蟹饲料蛋白质含量应大于 33%。

虾蟹对蛋白质的需求实质是对氨基酸的需要。虾蟹从饲料中获得的蛋白质经过消化之后会被转化成为肽、氨基酸等小分子化合物被机体吸收，最终转化为机体组织。最佳生长的蛋白质需求量是指能够满足虾蟹氨基酸需求并获得最佳生长的最少蛋白质含量，也称最适蛋白质需求量。虾蟹对蛋白质需要量包含两个意义：第一，维持体蛋白动态平衡所必需的蛋白质量，即维持体内蛋白质现状所必需的蛋白质量；第二，能使虾蟹最大生长，或能使体内蛋白质蓄积达最大量所需的最低蛋白质量。虾蟹对蛋白质需要量受多种因素影响。如虾蟹的种类、年龄、水温、饲料蛋白源的营养价值以及养殖方式等。如果饲料中的蛋白质不足，会导致虾蟹生长缓慢、停止，甚至体重减轻及其他生理反应；如果饲料中的蛋白质过量，多余部分的蛋白质会被转变成能量，造成蛋白质资源的浪费和过多的氮排放而污染环境。虾蟹的蛋白质同化效率会随不同蛋白质来源的氨基酸组成、饲料中类脂和糖类的相对比例以及微量成分变化而变化。从某种意义上讲，虾和蟹没有绝对的蛋白质需求，但是需要相对平衡的氨基酸组成。

氨基酸可分为必需氨基酸和非必需氨基酸。必需氨基酸是指在体内不能合成，或合成的速度不能满足机体的需要，必须从饲料中摄取的氨基酸。虾蟹的必需氨基酸有精氨酸、组氨酸、赖氨酸、异亮氨酸、亮氨酸、蛋氨酸、苯丙氨酸、苏氨酸、色氨酸、缬氨酸等 10 种氨基酸。而酪氨酸、丙氨酸、甘氨酸、脯氨酸、谷氨酸、丝氨酸、胱氨酸和天冬氨酸等 8 种是体内能够合成的，为非必需氨基酸，其中虾蟹对精氨酸的需要量较高。

四、虾蟹对蛋白质和氨基酸的需求量

配合饲料中蛋白质含量和能量比有着重要的意义，适宜的能蛋比既有利于能量的利用，又有利于蛋白质的利用，有助于提高饲料的利用率。在饲料中添加非蛋白能源物质（包括脂肪和糖类）可部分代替蛋白质满足虾蟹类能量的需求，可提高虾蟹类对蛋白质的利用率，这种现象被称为蛋白质的节约效应。脂肪是饲料中的高热量物质，其产热高于糖类和蛋白质，每克脂肪在体内被氧化分解可释放出37.66千焦的能量。因此在配合饲料中添加适宜的脂肪时，可减少蛋白质的分解，从而节省饲料蛋白质的用量。对虾饲料中蛋白质的推荐水平见表1-1，对虾商品饲料中必需氨基酸的推荐水平见表1-2，中华绒螯蟹对饵料蛋白的需求见表1-3。

表1-1　对虾商品饲料中蛋白质的推荐水平（风干基础）

对虾名称	规格或养殖模式	蛋白质水平/%
中国明对虾	小于0.9克；海水精养	大于42.5
中国明对虾	0.9～3.0克；海水精养	大于40.5
中国明对虾	大于3.0克；海水精养	大于35.5
斑节对虾	小于1.8克；海水精养	大于45
斑节对虾	1.8～4.0克；海水精养	大于42
斑节对虾	大于4.0克；海水精养	大于35
斑节对虾	低盐度精养（盐度小于1.6%）	大于44
凡纳滨对虾	海水粗养	大于23
凡纳滨对虾	低盐度粗养（盐度小于1.6%）	大于27
凡纳滨对虾	小于0.9克；海水精养	大于40
凡纳滨对虾	0.9～4.0克；海水精养	大于35
凡纳滨对虾	大于4.0克；海水精养	大于32
日本囊对虾	海水精养	大于45

表 1-2 对虾商品饲料中必需氨基酸的推荐水平（风干基础）

名称	蛋白质水平/%	氨基酸水平/%			
		36	38	40	45
精氨酸	5.8	2.09	2.20	2.32	2.61
组氨酸	2.1	0.76	0.80	0.84	0.95
异亮氨酸	3.5	1.26	1.33	1.40	1.58
亮氨酸	5.4	1.94	2.05	2.16	2.43
赖氨酸	5.3	1.91	2.01	2.12	1.39
蛋氨酸	2.4	0.86	0.91	0.96	1.08
蛋氨酸＋胱氨酸	3.6	1.30	1.37	1.44	1.62
苯丙氨酸	4.0	1.44	1.52	1.60	1.80
苯丙氨酸＋酪氨酸	7.1	2.57	2.70	2.84	3.20
苏氨酸	3.6	1.30	1.37	1.44	1.62
色氨酸	0.8	0.29	0.30	0.32	0.36
缬氨酸	4.0	1.44	1.52	1.60	—

表 1-3 中华绒螯蟹对饵料蛋白的需求（风干基础）

品种	最佳蛋白质水平/%	资料来源
中华绒螯蟹	39.78	中国科学院植物研究所，1988
中华绒螯蟹	46	樊发聪，周长海，1989
中华绒螯蟹前期	41	刘学军，张丙群，1990
中华绒螯蟹后期	36	刘学军，张丙群，1990
中华绒螯蟹	45	韩小莲，1991
中华绒螯蟹	29.46	谭德清，孙建贻，1998
中华绒螯蟹	40～44	钱国英等，1999
中华绒螯蟹	55.28	张家国，饶光慈，2001

第三节 淡水虾蟹的脂类需求

脂类是虾蟹所必需的营养物质,是其机体组织的重要组成成分。在虾蟹的组织细胞中,含有1%~2%的脂类物质。脂类物质按其结构可分为中性脂肪和类脂质两大类。中性脂肪,俗称油脂,是三分子脂肪酸和甘油形成的酯类化合物,故又名甘油三酯;常见的类脂质有蜡、磷脂、糖脂和固醇等。虾蟹从饲料中获取生长所需的必需脂肪酸、磷脂、固醇等脂类物质。

一、脂类的生理作用

脂类是虾蟹所必需的营养物质,在虾蟹生命代谢过程中具有多种生理作用。

1. 脂类是组织细胞的组成成分

虾蟹各组织细胞都含有脂肪。磷脂和糖脂是细胞膜的重要组成成分。虾蟹组织的修补和新的组织的生长都必须从饲料中摄取一定量的脂质。磷脂包括甘油磷脂和鞘磷脂两类,以含高度不饱和脂肪酸的磷脂营养价值居高。磷脂可以促进营养物质的消化,促进脂类的吸收,提供不饱和脂肪酸,提高制粒的物理质量,减少营养物质在水中的溶失,引诱虾蟹采食。磷脂还是细胞膜的主要组成成分,能够乳化和促进脂肪酸胆盐和脂溶性物质的消化吸收,促进甲壳类动物合成磷脂。饲料中添加一定量的磷脂,对提高大眼幼体育成Ⅲ期仔蟹的成活率有较显著的作用,能加快仔蟹的蜕皮频率。

2. 脂类可为虾蟹提供能量

脂肪是饲料中的高热量物质,其产热量高于糖类和蛋白质。积存的体脂是机体的"燃料仓库",在机体需要时,即可分解供能。脂肪组织含水量低,占体积少,所以储备脂肪是虾蟹贮存能量的最佳形式,以备越冬利用。

3. 脂类物质有助于脂溶性维生素的吸收和在体内的运输

维生素 A、维生素 D、维生素 E、维生素 K 等脂溶性维生素只有脂类存在时方可被吸收。脂类不足或缺乏,会影响这类维生素的吸收和利用。

4. 提供虾蟹必需脂肪酸

某些高度不饱和脂肪酸为虾蟹生长所必需,但机体本身不能合成,或合成的量不能满足需要,所以必须依赖于饲料直接提供,这些脂肪酸称为必需脂肪酸(EFA)。必需脂肪酸对虾蟹生长、生殖和蜕皮都有重要影响。

通常认为虾蟹的必需脂肪酸有 4 种,即亚油酸、亚麻酸、二十碳五烯酸和二十二碳六烯酸。有研究表明幼蟹的必需脂肪酸可能不是亚油酸和亚麻酸,而是二十碳五烯酸和二十二碳六烯酸;至于亚麻酸是否是中华绒螯蟹的必需脂肪酸有待继续研究。

5. 脂类可作为某些激素和维生素的合成原料

胆固醇是对虾蜕皮激素、甾体激素和维生素 D 的前体物质。胆固醇存在于动物细胞和血液中,在动物生命代谢过程中具有十分重要的作用。甲壳类动物自身不能合成胆固醇,所以需要在饲料中添加一定量的胆固醇,来提高甲壳动物的存活率。虾蟹类体内的胆固醇可以转化为性激素,也是合成蜕皮激素的物质。在配合饲料中适量加入虾头粉、蛋粉等固醇类含量高的饲料,可以提高虾蟹的存活率。

6. 节省蛋白质,提高饲料蛋白质利用率

虾蟹对脂肪有较强的利用能力,其用于虾蟹增重和分解供能的总利用率达 90% 以上。因此当饲料中含有适量脂肪时,可减少蛋白质的分解供能,节约饲料蛋白质用量,这一作用称为脂肪对蛋白质的节约作用。

二、虾蟹对脂类的代谢及利用

中国对虾将亚油酸($C18:2n-6$)和亚麻酸($C18:3n-3$)转化为同系列更长链不饱和脂肪酸的能力比较差。

虾蟹类的消化道从形态和功能上分为三部分,即前肠、中肠及后肠,其中中肠具有虾蟹唯一的消化腺,即中肠腺(肝胰腺),它在虾蟹营养物质的消化吸收中起着重要的作用。日本对虾游离脂肪酸在中肠及后肠部位被吸收,然后再释放到血淋巴中,进而输送到各组织利用。外翻后肠离体实验进一步表明,后肠吸收占有相当大的比例,首长黄道蟹的脂类主要以游离脂肪酸(FFA)形式通过血淋巴进行体内转运,龙虾则以富含磷脂的脂蛋白形式通过血淋巴运输。日本对虾的脂类在中、后肠吸收后,重新合成磷脂,然后以磷脂形式经过血淋巴到达各组织,而磷脂的合成部位则有待深入研究;当然也有部分脂类以 FFA 及甘油三酯的形式运输。

胆固醇与虾蟹类的蜕皮、生殖有关。虾蟹类缺乏将乙酸合成胆固醇的能力,也缺乏将胆固醇降解为胆汁酸的能力。虾蟹类的外源胆固醇则以游离固醇或酯化固醇的形式存在于体内,胆固醇酯在沼虾等虾蟹体内存在,斑节对虾体内所有组织中均有胆固醇酯存在,但以中肠腺含量最高,其次为卵巢,而鳃、肌肉等组织中游离固醇含量较高。胆固醇酯可能是胆固醇和脂肪酸的贮存形式,而中肠腺酯化固醇含量远远高于游离固醇则说明中肠腺是虾蟹类主要的营养物质贮存器官。中肠腺中胆固醇酯的脂肪酸组成同样反映出中肠腺为虾蟹类的主要消化吸收器官。三疣梭子蟹及克氏原螯虾由于其卵磷脂胆固醇酰基转移酶(LCAT)活性较低,因而血淋巴中酯化固醇含量较低。

三、虾蟹对脂肪的需求

虾蟹是变温动物,在低温条件下,保证其细胞膜的流动性和维持细胞膜的正常功能非常重要,而必需脂肪酸是细胞膜的重要组成部分,因此虾蟹对必需脂肪酸的需要量高。一般对虾商品饲料中脂肪添加量为4%~10%,另有研究表明对虾商品饲料中脂肪的推荐添加量为6%~7.5%,且建议最高添加量不要大于10%。据报道,罗氏沼虾脂肪的需要量为6%~8%时,表现出较好的生长性能,但脂肪含量高达12%~15%时,对罗氏沼虾的生长有负面影响。研究中华绒螯蟹时,得出溞状幼体至大眼幼体脂肪最适需要量为6.0%,大眼幼体至0.1g幼蟹的最适需要量为7.1%,体重0.1g以上的中华绒螯蟹的脂肪最适需要量为6.8%。

虾蟹对脂肪的需要量受虾蟹种类、食性、生长阶段、饲料中糖类和蛋白质含量及环境温度的影响。饲料中添加脂类用量比例不宜过大,许多脂类极易氧化酸败,因而添加及存放时应严格注意;必需脂肪酸能显著提高对虾增重率,但虾体自身不能合成,需在饲料中添加,商品饲料中EFA添加量一般为0.5%~2.2%,胆固醇添加量一般为0.2%~1.0%,磷脂对虾蟹类的生长发育和存活情况起着重要作用,与其蜕壳、性腺发育、生殖等生命活动密切相关,磷脂与高密度脂蛋白结合在一起,是虾蟹血淋巴中主要载脂蛋白,一般磷脂添加量为1.0%~6.5%。

第四节 淡水虾蟹的糖类需求

糖类又称碳水化合物,在动物体内含量较少,但具有特殊的生理作用(如血糖、糖胺聚糖、肝糖原等)。碳水化合物是虾蟹体内含量仅次于蛋白质和脂肪的第三类有机化合物。

一、糖类的种类

糖类主要由碳、氢、氧三大元素组成，由于糖类，特别是常见的葡萄糖、果糖、淀粉、纤维素等都有一个结构共同点，含通式 $C_x(H_2O)_y$，因此也将这类化合物称为碳水化合物，按其结构可分为三大类。

1. 单糖

单糖的化学成分是多羟基醛或多羟基酮，是构成低聚糖、多糖的基本单元，其本身不能水解为更小的分子。如葡萄糖、果糖（己糖）、核糖、木糖（戊糖）、赤藓糖（丁糖）、二羟基丙酮、甘油醛（丙糖）等。

2. 低聚糖

低聚糖是由2～10个单糖分子失水生成。按其水解后生成单糖的数目，低聚糖又可分为二糖、三糖、四糖等。其中以二糖最为重要，如蔗糖、麦芽糖、纤维二糖、乳糖等。

3. 多糖

多糖是由许多单糖聚合而成的高分子化合物，多不溶于水，经酶或酸水解后可生成许多中间产物，直至最后生成单糖。多糖按其单糖种类可分为同型聚糖和异型聚糖。同型聚糖按其单糖的碳原子数又可分为戊聚糖（木聚糖）和己聚糖（葡聚糖、果聚糖、半乳聚糖、甘露聚糖），其中以葡聚糖最为多见，如淀粉、纤维素都是葡聚糖。饲料中的异型聚糖主要有果胶、树胶、半纤维素、糖胺聚糖等。

二、糖类的生理作用

有关糖类的生理作用问题，在畜禽等陆生动物特别是哺乳动物中研究得比较详细,但在虾蟹或其他水产动物体内的作用研究还比较匮乏。而且由于水生动物生活在水中,这方面的研究比较困难,相关的研究报道较少。借用陆生动物相关的研究,糖类在虾蟹体内的营养生理作用表现在以下几个方面。

(1) 糖类及其衍生物是虾蟹体组织细胞的组成成分　如五碳糖是细胞核酸的组成成分,半乳糖是构成神经组织的必需物质,糖蛋白则参与形成细胞膜。

(2) 糖类可为虾蟹提供能量　吸收进入虾蟹体内的葡萄糖被氧化分解,并释放出能量,供机体利用。水下活动时的肌肉运动、心脏跳动、血液循环、呼吸运动、胃肠道的蠕动以及营养物质的主动吸收、蛋白质的合成等均需要能量,而这些能量的来源,除蛋白质和脂肪外,糖类也是一个重要来源。摄入的糖类在满足虾蟹能量需要后,多余部分则被运送至某些器官、组织(主要是肝脏和肌肉组织)合成糖原,储存备用。

(3) 糖类是合成体脂的重要原料　当肝脏和肌肉组织中储存足量的糖原后,继续进入体内的糖类则合成脂肪,储存于体内。

(4) 糖类可改善饲料蛋白质的利用　当饲料中含有适量的糖类时,可减少蛋白质的分解供能。同时ATP的大量合成有利于氨基酸的活化和蛋白质的合成,从而提高了饲料蛋白质的利用率。

三、虾蟹的糖类代谢及对糖类的需求

1. 虾蟹的糖类代谢

虾蟹消化道内淀粉酶的活性较低,体内己糖激酶和葡萄糖激酶活性较低,而二者是葡萄糖分解代谢的调节酶;虾蟹体内胰岛素分泌缓慢,与糖的吸收速度配合不佳;胰岛素受体少,影响胰岛素的降血糖作用。摄入的糖类可部分在虾蟹消化道被淀粉酶、麦芽糖酶分解成单糖，然后被吸收，吸收后的单糖在肝脏及其他组织进一步氧化分解，并释放出能量，或被用于合成糖原、脂肪、氨基酸，或参与合成其他生理活性物质。

2. 虾蟹对糖类的需求

（1）虾蟹对可消化糖类的需要量　糖类是虾蟹生长所必需的一类营养物质，是三种可供给能量的营养物质中最经济的一种，摄入量不足，则饲料蛋白质利用率下降。虾蟹对糖类的利用能力远远低于鱼类，因此虾蟹需要从外界摄入大量的糖类，虾蟹饲料的糖类需求一般为20%～30%，还可以加入适量的粗纤维，可促进虾蟹胃肠蠕动，有利于对营养素的吸收利用。

（2）虾蟹对粗纤维的需要量　虾蟹不能直接利用粗纤维，但饲料中含有适量的粗纤维对维持消化道正常功能是必需的。从配合饲料生产的角度讲，在饲料中适当配以纤维素饲料，有助于降低成本，拓宽饲料来源，但饲料中纤维素过高又会导致食糜通过消化道速度加快，消化时间缩短，蛋白质消化率下降，而且，饲料中过多的纤维素会使二价阳离子的矿物元素利用率下降。此外，虾蟹采食过多纤维素饲料时排泄物增多，水体易污染。所有这些都将导致虾蟹生长速度和饲料效率下降。虾蟹饲料中粗纤维适宜含量为4%～8%，根据我国纤维质饲料来源广、成本低的特点，在以植物性饲料为主要饲料源的配合饲料中，一般不必顾虑粗纤维含量过低的情况，主要应防止粗纤维含量过高。

第五节　淡水虾蟹的维生素需求

维生素（vitamin）是维持动物正常生命活动所必需的一

第一章 淡水虾蟹的营养需求

类低分子有机化合物的总称。这类物质在体内不能由其他物质合成或合成量很少,必须由食物提供,动物体对其需要量很少,每日所需量仅以毫克或微克计算。维生素虽不是构成动物体的主要成分,也不能提供能量,但它们对维持动物体的代谢过程和生理机能,乃至维持动物生长发育、正常的机体代谢发挥着重要作用。许多维生素是辅酶的重要成分,有的则直接参与动物体的生长和生殖活动。如果长期摄入不足或由于其他原因不能满足生理需要,就会导致虾蟹物质代谢障碍、生长迟缓和对疾病的抵抗力下降。

维生素种类很多,化学组成、性质各异,一般按其溶解性分为脂溶性维生素和水溶性维生素两大类。脂溶性维生素包括维生素 A(视黄醇,抗干眼病因子)、维生素 D(钙化醇,抗佝偻病维生素)、维生素 E(生育酚)、维生素 K(凝血维生素)。水溶性维生素包括维生素 B_1(硫胺素)、维生素 B_2(核黄素)、维生素 B_3(烟酸、尼克酸、维生素 PP)、维生素 B_5(遍多酸、泛酸)、维生素 B_6(吡哆素)、生物素(维生素 H、维生素 B_7)、叶酸、维生素 B_{12}(氰钴胺素)和维生素 C(抗坏血酸)等。根据目前的研究,至少有 12 种维生素为虾蟹所必需,如维生素 C 和肌醇,前者虾蟹体内缺乏相应的酶,不能合成;后者虾蟹也不能利用葡萄糖合成,因此需由饲料提供。虾蟹对维生素缺乏很敏感,这是因为:虾蟹饵料加工工艺要求高,调质温度高、时间长,维生素的损失大;集约化生产程度高,生长速度快,虾蟹对维生素的需要量高;虾蟹对外界条件变化敏感,抗应激反应能力弱。

在水产养殖中,维生素缺乏症较为共性的表现主要有:①食欲不振,饲料效率和生长性能下降;②抗应激能力、免疫力下降,发病率和死亡率上升;③多数情况下出现贫血症状,如血细胞和血红蛋白数量减少,耐低氧能力下降;④多数情况下有体表色素异常、黏液减少、体表粗糙、眼球突出、白内障等症状;⑤多数情况下出现体表充血、出血的现象。因此在饲料生产中,必须注重维生素的添加量或饲料中维生素的适宜含量。虾蟹对维生素的需要量受很多因素的影响,如生长阶段、生理状态、放养密度、食物来源及饲料加工情况。

1. 虾蟹的种类、生长阶段

因为大多数维生素主要通过相应的酶影响动物生理活动和生长性能,而不同种类的虾蟹对营养物质的利用能力、代谢途径都或多或少地存在一定差异,因而对维生素的需要量也略有不同。虾蟹的生长阶段不同,对维生素的需要量也不同,对虾商品饲料中维生素的推荐水平见表1-4。

表1-4 对虾商品饲料中维生素的推荐水平(风干基础)

维生素种类	对虾对维生素的需要量/(毫克/千克)	对虾饲料维生素推荐量
维生素 B_1	13~120	50~100 毫克/千克
维生素 B_2	22.3~80	40~80 毫克/千克
烟酸	7.2~400	100~250 毫克/千克
维生素 B_6	72~120	50~120 毫克/千克
维生素 B_{12}	0.25	20~50 毫克/千克
生物素	2.0~2.4	1~2 毫克/千克
叶酸	19~8.0	10~20 毫克/千克
肌醇(类维生素)	2000~4000	300 毫克/千克
胆碱(类维生素)	600~4000	400~1000 毫克/千克
泛酸	101~139	75~180 毫克/千克
维生素 C	2000~3000	250~1000 毫克/千克
维生素 C 磷酸酯	600	90~120 毫克/千克

续表

维生素种类	对虾对维生素的需要量/（毫克/千克）	对虾饲料维生素推荐量
维生素C磷酸酯钠	106.1	—
维生素C磷酸酯镁	48.4	—
维生素A	2511	10000～12000单位/千克
维生素D	0.1	2000～5000单位/千克
维生素E	99～179	99～300毫克/千克
维生素K	30～185	10000～12000单位/千克

2. 虾蟹的生理状况及生存环境

蜕壳是虾、蟹不同于其它动物的一种生理过程。虾、蟹蜕壳前体内维生素C含量急剧升高。体内蓄积大量维生素C有利于蜕壳后身体的修复。当饲料中维生素C不足时，一些虾、蟹的蜕壳周期会延长，增重率会下降。学者们对对虾饲料的维生素需要量曾进行过较多研究，提出试验条件下对虾饲料中各种维生素的适宜需要量。然而，虾、蟹对维生素的需要量常与养殖密度、养殖水温、虾蟹健康状况等相关。适当调整饲料中的维生素含量，有利于提高养殖效果和降低饲料成本。在集约化高密度养殖过程中，往往对虾蟹采取一些强化生长措施，在这种情况下，虾蟹对维生素的需要量往往是增加的。此外当环境条件恶化（如溶氧量低、水质污染、水温剧变等），或饲料急剧更换，或人为的操作（如放养、称重、转塘等）对虾蟹造成损伤和刺激，或虾蟹生病需要用药时，对维生素的需要量一般也会增加，以增强虾蟹对环境的适应力和对疾病的抵抗力。

3. 饲料中维生素的利用率

在配制实用饲料时，由于各种动植物原料中都已含有一定量的各种维生素，而且其中有些维生素含量已足以满足虾蟹生长发育需要,因此在确定这些维生素的添加量时,可减少或减免添加,以免造成浪费。有些维生素在饲料原料中含量虽很高,但由于以下一些原因未能被虾蟹真正摄入和利用。

① 维生素在饲料中以某种不能被虾蟹利用的结合态存在,如谷物糠麸中的泛酸、烟酸含量虽很高,但由于它们以某种结合态存在,利用率较低。

② 维生素吸收障碍。饲料中含有适量的脂肪可促进脂溶性维生素的吸收,而维生素 B_{12} 的吸收则有赖于胃肠壁产生的一种小分子黏蛋白(内因子)的存在,如果这些与维生素吸收有关的物质缺乏或不足,则会显著降低维生素的吸收率。

③ 饲料中存在与维生素相拮抗的物质(抗维生素),从而削弱甚至抵消了维生素的生理作用,导致维生素缺乏症。

④ 由于绝大多数维生素性质极不稳定,在饲料贮藏加工过程中往往会遭到不同程度的破坏,有时这种破坏是十分严重的。

4. 虾蟹的饲料来源及养殖业的集约化程度

在集约化程度较低的半精养、粗养养殖方式中,其生长所需维生素除来自人工投喂的配合饲料外,还有相当一部分来自天然饵料生物,因而对配合饲料中维生素的依赖性相对减少。但在集约化养殖条件下(如网箱养殖、流水养殖),虾蟹放养密度高,生长多处于逆境,而其生长所需维生素几乎全部来自配合饲料,因此要提高维生素添加量。

5. 维生素之间的相互影响

由于维生素之间存在错综复杂的相互关系,因此某种维生素的需要量显著受饲料中其他维生素含量的影响。如虾蟹鱼类对维生素 A 的需要量显著受饲料中维生素 E 含量的影响,因为后者具有保护维生素 A 免受氧化、提高维生素 A 的稳定性的作用。

第六节 淡水虾蟹的矿物质需求

矿物质在虾蟹体内分布广泛，特别是骨骼中含量最多。矿物质在虾蟹体内含量通常为3%～5%，其中含量在0.01%以上者为常量元素，含量在0.01%以下者为微量元素。虾蟹体内的常量元素主要有钙、磷、钾、钠、硫和氯，在营养生理上作用明显的主要微量元素有铜、铁、硒、碘、锰、钴和钼。

一、矿物质的生理作用

矿物质的生理作用主要表现为：①作为骨骼、牙齿、甲壳及其他体组织的构成成分，如钙、磷、镁、氟等；②作为酶的辅基或激活剂，如锌是碳酸酐酶的辅基，铜是细胞色素氧化酶的辅基等；③参与构成机体某些特殊功能物质，如铁是血红蛋白的组成成分，碘是甲状腺素的成分，钴是维生素B_{12}的成分等；④无机盐是体液中的电解质，维持体液的渗透压和酸碱平衡，如钠、钾、氯等元素；⑤特定的金属元素（铁、锰、铜、钴、锌、钼、硒等）与特异性蛋白结合形成金属酶，具独特的催化作用；⑥维持神经和肌肉的正常敏感性，如钙、镁、钠、钾等元素。

矿物元素的生理功能在水产动物和陆生动物之间的重大区别在于渗透压的调节，即虾蟹等需要维持体液和周围水环境之间的渗透压平衡，其他生理功能与陆生动物是基本相同的。虾蟹很容易从鳃和皮肤吸收水体中的矿物质，因而对钙需要量比较低。此外，由于水产动物生活在水环境中，不像陆生动物一样需要强大的骨骼系统支撑和平衡身体，不易出现矿物质缺乏症。虾蟹对铁、铜、锌、镁、钴、硒和碘需要量较小，但其对虾蟹的营养很重要,过量的矿物元素铜、锌和硒可抑制酶的生理活性,改变生物大分子的活性,从而引起虾蟹在形态、生理和行为上的变化,不利于生长,甚至会引起虾蟹慢性中毒,人食用后,会对健康产生直接危害。矿物质元素的主要生理功能及其缺乏症见表1-5。

表1-5 矿物质元素的主要生理功能及其在鱼虾蟹中的缺乏症

矿物质元素	作用	缺乏症
常量矿物质元素		
钙	构成骨骼组织,维持细胞膜通透性	生长受损和硬质组织矿化受阻
氯	调节渗透压平衡	生长受阻
镁	酶的激活剂	抽搐、肌肉松弛
磷	构成骨骼组织、磷脂的组分	生长受阻、硬质组织矿化程度降低、骨骼畸形、脂肪沉积
钾	调节渗透平衡、酸碱平衡	痉挛、抽搐
钠	调节渗透平衡、酸碱平衡	生长受阻
微量矿物质元素		
铜	金属酶的成分	生长受阻、含铜离子的酶活性降低
钴	维生素B_{12}	贫血
铬	参与糖类的代谢	降低葡萄糖利用率
碘	合成甲状腺激素	甲状腺肿大
铁	合成血红蛋白	生长受阻、贫血
锰	构成骨骼的有机基质	生长受阻、骨骼畸形、白内障
钼	组成黄嘌呤氧化酶	酶活性降低

续表

矿物质元素	作用	缺乏症
硒	谷胱甘肽过氧化物酶的组分	生长受阻、贫血、渗出性体质、谷胱甘肽过氧化物酶活性降低
锌	金属酶辅酶	生长受阻、白内障、骨骼畸形、各种含锌的酶活性降低

二、对矿物质的吸收利用

1. 矿物质的吸收与水环境的关系

虾蟹不仅由消化道吸收饲料中的矿物质,而且还可以直接经由鳃及皮肤吸收矿物元素,虾蟹的矿物质营养及代谢,受环境的影响很大。即使同一品种所用饲料,也应根据其饲养环境水的矿物质组成及饲料原料的不同,来调整其饲料中矿物质的种类与含量。养殖水体中的矿物质组成、含量可直接影响虾蟹对饲料中无机盐的需求量。水中无机钙可以补偿饲料中钙的不足,而磷不能。因此,在饲料中需添加磷。

2. 影响矿物质吸收利用的因素

动物对于矿物质的定量需求,较蛋白质、脂肪、维生素等有机营养成分,更难确定,这是因为有许多因素可以影响矿物质的吸收和利用。

(1) 虾蟹品种　虾蟹因其基因品系不同,对矿物质的吸收和利用率也不同。

(2) 生理状态　包括年龄、不同发育阶段、有无疾病以及是否处于应激状态。如虾蟹处于应激状态时,则矿物质需要量增加,吸收率也增加。

(3) 虾蟹体内矿物质的贮存状态　当体组织对某矿物质贮存量已很充足时,则对饲料中该矿物质的利用率就差,如缺铁虾蟹通常会比体内贮存充足铁的虾蟹,更能有效地吸收铁。

(4) 矿物质的化学结合形态　如氧化铁（Fe_2O_3）无法被动物利用,而硫酸亚铁（$FeSO_4$）则很容易被利用；虾蟹对植酸磷的利用率只有20%～50%；对氨基酸微量元素螯合物的利用率优于相应的无机微量元素。

(5) 饲料营养成分　饲料中的有机成分可导致矿物质利用率的增减,如日粮中能量、蛋白质水平决定了体内的代谢水平,矿物质的水平也需与之相适应。抗坏血酸可促进铁的吸收,而植酸和单宁酸则抑制铁的吸收。饲料中所含的矿物质量对其吸收利用率也有影响,例如,饲料中含有较需要量高的钙,则动物对其吸收率就会降低；此外,矿物元素之间的协同与拮抗作用对利用率影响也大。如饲料中钙的利用率受磷的影响；又如铁和铜在促进红细胞形成方面具有协同作用,缺铁而不缺铜,也能影响铜的生物效价,使之降低,仍然会导致贫血,反之亦然。饲料中某些矿物质,如镁、锶、钡、铜、锌等可能会抑制虾蟹对钙的吸收。

(6) 其他　如饲料的加工工艺、粒度、水质状况等都会影响矿物质的利用率。

3. 虾蟹对饲料中钙、磷的利用率

钙和磷是研究得最多的矿物元素。就重要性而言,后者大于前者,因为虾蟹可从水环境中吸收钙。缺磷可导致骨骼、鳃盖畸形,生长减慢,肝脏积累脂肪等。虾蟹对饲料中钙的利用率,除了受水中钙离子含量的影响外,还受饲料中钙的来源、钙含量、饲料组成及虾蟹的消化系统即有胃无胃的影响。动物来源饲料含钙、磷都很丰富,而植物来源饲料含磷较多,所含磷以植酸钙、镁盐形式存在,其利用率很低,钙含量低。虾蟹可以很好地利用磷酸二氢盐,鱼粉为饲料中的主要动物蛋白源,磷含量虽高,但其成分主要为磷酸三钙,故利用率很低。

第二章

淡水虾蟹的饲料配制

能为虾蟹提供营养的物质统称为虾蟹食物。其中,直接来自自然界、在原来栖息的水域中就可获得的鱼类食物称为饵料,如活、鲜、冰、冻的鱼、虾、蟹、贝等;而利用天然的动物性与植物性原料,经过人工调配与加工而成的虾蟹食物称为饲料,如粉状饲料、颗粒饲料、软颗粒饲料、硬颗粒饲料、团状饲料、沉性颗粒饲料、浮性颗粒饲料等。虾蟹从饵料和饲料中获得蛋白质、脂肪、糖类、维生素、矿物质等营养物质。

配合饲料除了给虾蟹提供必要的营养外,还可以提高虾蟹免疫力、改善消化性能、降低料肉比等。因此根据虾蟹营养需求配制饲料非常重要。配制饲料时需充分考虑虾蟹的种类、生长阶段、生理状况以及生长季节等因素,保证淡水虾蟹的营养均衡;其次,蛋白质和氨基酸比例应适宜,同时注意粗纤维和可溶性糖类的比例;还应考虑虾蟹饲料的适口性和消化性,在提高生长性能的同时,避免营养过剩,最大程度提高饲料转化率;最后,在虾蟹饲料的配制环节,可采取方块法、联立方程法、营养含量法、线性规划法和计算机辅助法、试差法等计算方法。

第一节 淡水虾蟹的饲料原料

虾蟹是杂食性动物,动、植物饵料均能摄食,以高蛋白的鲜活动物性饵料为佳,但常因价格高和供应不稳定等因素,需选择一些蛋白质含量高且必需氨基酸齐全的植物性蛋白原料。

一、饲料分类

1. 习惯分类法

根据饲料养分的大致含量将饲料分为粗饲料、青绿多汁饲料、精饲料和特殊饲料;按饲料来源将饲料分为植物性饲料、动物性饲料、微生物饲料、矿物质饲料、人工合成饲料。

2. 国际饲料分类法

美国学者 L. E. Harris 根据饲料的营养特性将饲料分为粗饲料、青绿饲料、青贮饲料、能量饲料、蛋白质补充料、矿物质饲料、维生素饲料、饲料添加剂八大类,对每类饲料冠以 6 位数的国际饲料编码(IFN),编码分为 3 节,表示为×-××-×××,首位数代表饲料归属的类别,后 5 位数则按饲料的重要属性给定编码。

(1)粗饲料 粗饲料是指饲料干物质中粗纤维含量高于或等于 18%、以风干物为饲喂形式的饲料,包括农业副产品、粗纤维高于或等于 18% 的干草类及农作物秸秆等。IFN 形式为 1-00-000。

(2)青绿饲料 青绿饲料是指天然水分含量在 60% 以上的饲料,包括青绿牧草、饲用作物、树叶类及非淀粉质的根茎、瓜果类等。IFN 形式为 2-00-000。

(3)青贮饲料 青贮饲料是指以天然新鲜青绿植物性饲料

为原料,在厌氧条件下,经过以乳酸菌为主的微生物发酵后调制成的饲料,具有青绿多汁的特点。如玉米青贮等。IFN 形式为 3-00-000。

(4) 能量饲料 能量饲料是指饲料干物质中粗纤维含量小于 18%,同时粗蛋白质含量小于 20% 的饲料,如谷实类、麸皮、淀粉质的根茎、瓜果类等。IFN 形式为 4-00-000。

(5) 蛋白质补充料 蛋白质补充料是指饲料干物质中粗纤维含量小于 18%,而粗蛋白质含量大于或等于 20% 的饲料。如鱼粉、大豆饼(粕)、棉籽饼(粕)、工业合成的氨基酸和饲用非蛋白氮等。IFN 形式为 5-00-000。

(6) 矿物质饲料 矿物质饲料是指天然和工业合成的含矿物质丰富的饲料,如天然矿物质中的石粉、大理石粉、磷酸氢钙、沸石粉、膨润土等,处理后的贝壳粉、动物骨粉,化工合成的碳酸钙、硫酸铁等无机盐。IFN 形式为 6-00-000。

(7) 维生素饲料 维生素饲料是指由工业合成或提纯的单一或复合的维生素制剂,但不包括富含维生素的天然青绿饲料。IFN 形式为 7-00-000。

(8) 饲料添加剂 饲料添加剂是指为了利于营养物质的消化吸收,改善饲料品质,促进动物生长和繁殖,保障动物健康而掺入饲料中的少量或微量物质。不包括合成氨基酸、矿物质和维生素,专指非营养性添加剂。IFN 形式为 8-00-000。

3. 中国饲料分类法

中国饲料分类法在国际饲料分类法将饲料分成的八大类基础上,结合中国传统饲料分类习惯划分为 17 亚类,两者组合,迄今可能出现的类别有 37 类。

二、蛋白质饲料

蛋白质原料一般占配合饲料的 30%~70%。

1. 蛋白质饲料的种类

(1) 植物性蛋白质饲料　主要是豆类籽实及其加工副产品(饼粕类),有全脂大豆、大豆饼(粕)、棉籽仁饼(粕)、菜籽饼(粕)、花生仁饼粕、胡麻饼(粕)、向日葵仁饼(粕);某些谷物籽实加工副产品主要包括啤酒糟、酒精糟、白酒糟、玉米蛋白粉等。

(2) 动物性蛋白质饲料　主要有鱼粉、乌贼粉、血粉、蚕蛹、肉粉、肉骨粉、羽毛粉、蚯蚓、蝇蛆、乳制品、虾糠粉、虾头粉、蚕蛹粉、内脏粉等。

(3) 单细胞蛋白质饲料　主要指利用发酵工艺或生物技术生产的细菌、酵母和真菌等,也包括微型藻等。

2. 常用植物性蛋白饲料

蛋白质含量在40%以上的常用植物蛋白原料主要有大豆饼(粕)、花生仁粕和棉籽粕,其中大豆饼(粕)是优质的植物蛋白质原料,也是价格较高的植物蛋白质原料。在配方制作时,鱼粉由于价格高昂,资源短缺,其用量受到限制;菜籽粕、棉籽粕可以在淡水虾蟹饲料中较大量地使用;而大豆饼(粕)在淡水虾蟹饲料中的用量主要受配方成本的限制。

(1) 大豆饼(粕)的营养特点　粗蛋白质含量为40%~50%,必需氨基酸含量高,组成合理,赖氨酸含量在饼粕类中最高,2.4%~2.8%,赖氨酸与精氨酸比约为100:130,蛋氨酸不足,高的可达10%,低的仅1%左右;粗纤维主要来自大豆皮,3%以下;矿物质钙少磷多,磷主要为植酸磷;含有丰富的B族维生素,但缺乏维生素A和维生素D。

(2) 棉籽饼(粕)的营养特点　粗蛋白质含量为35%~46%,以新疆棉籽粕质量最好。氨基酸中赖氨酸含量较低,仅相当于大豆饼(粕)的50%~60%,蛋氨酸亦低,精氨酸含量较高，赖氨酸与精氨酸之比在 100∶270 以上。矿物质中钙少磷多，其中 71% 左右为植酸磷，含硒少。维生素 B_1 含量较多，维生素 A、维生素 D 少。研究发现，棉籽饼（粕）在淡水虾蟹类饲料中的用量在 35% 以下并未发现有副作用，性价比较豆粕高，棉籽饼（粕）中的抗营养因子主要为游离棉酚、环丙烯类脂肪酸、单宁和植酸。

（3）菜籽饼（粕）的营养特点　粗蛋白质含量 34%～38%，氨基酸组成平衡，含蛋氨酸较多，精氨酸含量低，精氨酸与赖氨酸的比例适宜；粗纤维含量较高，12%～13%，有效能值较低；所含糖类为不易消化的淀粉，且含有 8% 的戊聚糖；菜籽外壳几乎无利用价值，是影响菜籽粕代谢能的根本原因；矿物质中钙、磷含量均高，但大部分为植酸磷，富含铁、锰、锌、硒，尤其是硒含量远高于豆饼；维生素中胆碱、叶酸、烟酸、核黄素、硫胺素均比豆饼多，但胆碱与芥子碱呈结合状态，不易被肠道吸收。菜籽饼（粕）含有硫代葡萄糖苷、芥子碱、植酸、单宁等抗营养因子。

（4）花生仁饼粕的营养特点　花生仁饼蛋白质含量约 44%，花生仁粕蛋白质含量约 47%，赖氨酸、蛋氨酸含量偏低，精氨酸含量在所有植物性饲料中最高，赖氨酸与精氨酸之比在 100∶380 以上，饲喂家畜时宜和精氨酸含量低的菜籽饼（粕）、血粉等配合使用；有效能值高，约 12.26 兆焦/千克，无氮浸出物中大多为淀粉和戊聚糖；脂肪酸以油酸为主，不饱和脂肪酸占 53%～78%；钙磷含量低，磷多为植酸磷；胡萝卜素、维生素 D、维生素 C 含量低，B 族维生素较丰富，尤其烟酸含量高，约 174 毫克/千克。核黄素含量低，胆碱 1500～2000 毫克/千克。花生仁饼（粕）极易感染黄曲霉，产生黄曲霉毒素，引起动物黄曲霉毒素中毒。我国饲料卫生标准中规定，各类饲料原料中黄曲霉毒素 B_1 含量不得高于 50 微克/千克。

(5) 芝麻饼粕的营养特点　蛋白质含量较高,约 40%,氨基酸组成中蛋氨酸、色氨酸含量丰富,尤其蛋氨酸高达 0.8% 以上,为饼粕类之首。赖氨酸缺乏,精氨酸含量极高,赖氨酸与精氨酸之比为 100:420,比例严重失衡,配制饲料时应注意;代谢能低于花生仁饼(粕)、大豆饼(粕),约为 9.0 兆焦/千克;矿物质中钙、磷较多,但多以植酸盐形式存在,故钙、磷、锌的吸收均受到抑制;维生素 A、维生素 D、维生素 E 含量低,核黄素、烟酸含量较高;芝麻饼粕中的抗营养因子主要为植酸和草酸。

3. 常用动物性蛋白饲料

淡水虾、蟹的饲料中常需要比例较大的蛋白质原料,并且,这些蛋白质原料中很大一部分是动物性蛋白质原料。鱼粉、乌贼粉、血粉、蚕蛹、肉粉、肉骨粉、羽毛粉、蚯蚓、蝇蛆、乳制品、虾糠粉、虾头粉、蚕蛹粉、内脏粉等经常以较大的比例加入到虾、蟹饲料中,这些原料蛋白质含量高且氨基酸组成平衡,含有虾、蟹生长必需的矿物质及某些促生长因子。然而,这些动物性蛋白原料往往含有较多的脂肪,脂肪经长时间的储藏或保管不当易发生氧化,脂肪氧化后生成醛、酮等有害物质将严重影响虾蟹的正常生长。制作虾、蟹饲料的动物性原料应为未变质的新鲜动物体,制得粉状饲料后须在合适的条件下储藏,并尽量缩短储藏时间。

(1) 鱼粉的营养特点　粗蛋白质含量高,为 40%~75%,氨基酸组成平衡,蛋白质生物学价值较高,适于与植物性蛋白质饲料搭配;脂肪含量 7%~10%,国产鱼粉蛋白质含量略偏低,脂肪偏高,可利用能量较高;矿物质中钙、磷含量高,磷全部为可利用磷,硒含量很高,达 2 毫克/千克,同时富含碘、锌、铁等微量元素;B 族维生素含量高,特别是维生素 B_2、维生素 B_{12} 含量丰富;含有未知生长因子或动物蛋白因子,能促进动物对营养物质的利用。鱼粉从颜色上可以区别一等品、二等品和三等品。一等品为棕黄色，二、三等品为黄褐色，气味正常，鱼腥味，无异臭及焦灼味，粒度至少98%能通过筛孔直径为1.8毫米的标准筛。使用鱼粉时要注意辨别是否有掺假、食盐含量不合适、发霉变质、氧化酸败等问题。鱼粉质量可通过闻气味、看粗细度、尝咸淡、灼烧检验和水洗识别。

（2）血粉的营养特点　粗蛋白质含量一般在80%以上，赖氨酸含量居天然饲料之首，达6%～9%。色氨酸、亮氨酸、缬氨酸含量也高于其它动物性蛋白，但缺乏异亮氨酸、蛋氨酸，氨基酸组成非常不平衡；矿物质中钙、磷含量少，含铁约2800毫克/千克。血粉的添加量一般不超过2%～4%。

（3）虾糠（壳）粉营养特点　是加工虾米和虾仁等的副产品，为虾头、尾、步足、游泳肢、壳和少量虾肉等的混合物，一般含蛋白质26%左右，还含有丰富的甲壳质、DHA（二十二碳六烯酸）、EPA（二十碳五烯酸）、胆碱、磷脂、胆固醇、虾青素、虾红素及磷、钙、铁、锰、锌、铜等多种有益元素。品质良好的虾糠水分应低于12%，粗脂肪低于10%，盐酸不溶物低于3%，盐分小于7%，粗蛋白和粗灰分随加工工艺的不同变化较大，一般粗蛋白含量在30%左右，粗灰分的含量应该在42%以下。

三、能量饲料

虾蟹配合饲料含有较少的可溶性糖，如淀粉，淀粉在虾、蟹饲料中应起到黏合剂的作用，因此可选用黏性强的淀粉原料如小麦粉、土豆粉、次粉等，有助于提高虾、蟹饲料的加工质量。

1. 玉米

粗蛋白质含量一般为7%～9%。其品质较差，赖氨酸、蛋氨酸、色氨酸等必需氨基酸含量相对匮乏；粗脂肪含量为

3%～4%；矿物质含量低，钙少磷多，但磷多以植酸盐形式存在；维生素含量较少，但维生素 E 含量较多。玉米淀粉熟化后分化率近 10%，会使制粒颗粒不致密，水中稳定性差，虾蟹不宜食用。

2. 小麦

粗蛋白质含量居谷实类之首位，一般达 12% 以上，但赖氨酸不足，因而小麦蛋白质品质较差；无氮浸出物多；矿物质磷、钾等含量较多，但半数以上的磷为植酸磷；B 族维生素和维生素 E 含量较多，但维生素 A、维生素 D、维生素 C 和维生素 K 含量较少；小麦中的谷朊粉和淀粉是水产饲料良好的营养型黏合剂。

3. 小麦麸

粗蛋白质含量高于原粮，一般为 12%～17%，氨基酸组成较丰富，但蛋氨酸含量少；小麦麸中无氮浸出物（60% 左右）较少，但粗纤维含量高得多，多达 10%；有效能较低；灰分较多，所含灰分中钙少磷多，但其中磷多为（约 75%）植酸磷；矿物质铁、锰、锌较多；B 族维生素含量很高。另外，小麦麸容重为 225 克左右，这对调节虾蟹饵料比重有重要作用，通常用量控制在 6% 以下。

4. 次粉

蛋白质占 12.5%～17%，其中赖氨酸、色氨酸和蛋氨酸含量均较高；脂肪含量约 4%，其中不饱和脂肪酸含量高，易氧化酸败；含有丰富的 B 族维生素及维生素 E，其中维生素 B_1 的含量达 8.9 毫克/千克，维生素 B_2 的含量达 3.5 毫克/千克；矿物质含量丰富，但钙、磷比例极不平衡，磷多属植酸磷，约占 75%，但含植酸酶，因此在使用这些饲料时要注意补钙。次粉主要作为淀粉能量饲料和颗粒黏结剂使用，一般硬颗粒饲料需要有6%~8%的次粉作为黏结剂，如果使用了玉米或小麦，可以适当降低次粉的用量，或不用次粉。对于膨化饲料（即浮性料）需要有15%左右的面粉或优质次粉才能保证饲料的膨化效果。小麦麸作为淀粉质原料和优质的填充料在配方中使用，蛋白质含量达到13%以上，作为配方中的填充料使用可以控制在30%以下。

5. 饲用油脂

饲料中常用油脂有植物性的大豆油、玉米油、米糠油以及动物性的海水鱼油。油脂所含能值是所有饲料源中最高的，为玉米的2.5倍。油脂不但能提供能量和必需脂肪酸，还可节省对蛋白质的需要量。

四、虾蟹饲料添加剂

1. 添加剂相关概念

饲料添加剂是为保证或改善饲料品质，促进饲养动物生产，保障饲养动物健康，提高饲料利用率而添加到饲料中的少量和微量物质。国务院2017年修订的《饲料和饲料添加剂管理条例》指出，饲料添加剂是指在饲料加工、制作、使用过程中添加的少量或者微量物质，包括营养性饲料添加剂、一般饲料添加剂。饲料添加剂可以弥补配合饲料中营养成分的不足，提高饲料利用率，改善饲料口味，提高适口性，促进虾蟹正常发育和加速生长，改进产品品质，提高机体免疫力和抗病力，改善饲料的加工性能和物理性状，减少饲料贮藏和加工运输过程中营养成分的损失。

2. 分类

营养性饲料添加剂有氨基酸、维生素和矿物质；一般饲料添加剂包括下面几种。

（1）防霉剂　丙酸、丙酸钠、丙酸钙、山梨酸、山梨酸钠、苯甲酸钠。

（2）抗氧化剂　乙氧基喹啉（EQ）、丁基羟基茴香醚（BHA）和二丁基羟基甲苯（BHT）。

（3）促生长剂

（4）诱食剂　提高饲料适口性，诱引摄食。

（5）酶制剂　促进饲料中营养成分的分解和吸收，提高其利用率，如植酸酶、蛋白酶、脂肪酶和非淀粉多糖酶。

（6）提高饲料耐水性的添加剂

①天然物质黏合剂：包括糖类和动物胶类。糖类包括淀粉、玉米粉、小麦面筋、褐藻胶等，动物胶类包括骨胶、皮胶、鱼浆等。②化学合成黏合剂：羧甲基纤维素、聚丙烯酸钠。

（7）改善产品品质的添加剂　如着色剂，角黄素用于虾和鱼；叶黄素可加强橙色；玉米黄素和虾青素可加强红色。

第二节　淡水虾蟹的饲料配方设计

一、配合饲料的概念

配合饲料指根据动物的营养需要，按照饲料配方，将多种原料按一定比例均匀混合，经适当加工而成的具有一定形状的饲料。配方科学合理、营养全面、完全符合动物生长需要的配合饲料，称为全价配合饲料。生产实践证明，配合饲料与生鲜饲料或单一的饲料原料相比有如下优点。

1. 饲料营养价值高

由于配合饲料是以动物营养学原理为基础，根据虾蟹不同种类、不同生长阶段的营养需求，经科学方法配合加工而成，因而所含营养成分比较全面、平衡。它不仅能够满足虾蟹生长发育的需要,而且能够提高各种单一饲料养分的实际效能和蛋白质的生物学价值,起到取长补短的作用。

2. 提高饲料利用效率

配合饲料通过加工制粒使饲料熟化,提高了饲料蛋白质和淀粉的消化率。同时,在加热过程中还能破坏某些原料中的抗营养物质。

3. 充分利用饲料资源

某些不易被虾蟹利用的原料,如食品等工业下脚料,经过机械加工处理,可与其他精料充分混合制成颗粒饲料,从而扩大了虾蟹饲料的原料资源。

4. 配合饲料的适口性好

根据虾蟹的食性及同种虾蟹不同规格的要求,可制成相应粒径的颗粒饲料,因而大大提高了饲料的适口性,有利于淡水虾蟹养殖业的规模化、机械化和专业化生产。

5. 减少水质污染,增加放养密度

配合饲料在制粒过程中,因加热或添加黏结剂使淀粉糊化,增强了其他饲料成分的黏结,从而减少了饲料营养成分在水中的溶失以及对养殖水的污染,降低了池水的有机物耗氧量,提高了虾蟹的放养密度和单位面积的产量。

6. 减少和防治虾蟹疾病

饲料在加工过程中,不仅能去除毒素、杀灭病菌,并且能减少由饲料引起的各种疾病。加之配合饲料营养全面,能满足虾蟹对各种营养素的需要,改善虾蟹的消化和营养状况,增加抵抗力,降低疾病发生率。

7. 有利于饲料运输和储存

节省劳动力,提高劳动生产效率,降低了虾蟹生产的劳动强度。

二、配合饲料的类型

配合饲料的类型一般可按其营养成分、饲料的形态等方面来划分。

1. 按营养成分分

(1) 全价配合饲料　是根据养殖对象生长阶段的营养需求，制定出科学配方，然后按照配方将蛋白质饲料、能量饲料、矿物质饲料和维生素等添加剂加工搅拌均匀，制成所需形态的饲料。这种饲料所含的营养成分全面、平衡，能完全满足虾蟹最佳生长对各种营养素的需要。

(2) 添加剂预混料　是将营养性添加剂（维生素、微量元素、氨基酸等）和一般添加剂（促生长剂、酶制剂、抗氧化剂、调味剂等）以玉米粉、糠麸等为载体，按养殖对象要求进行预混合而成。一般用量占配合饲料总量的5%以内。

(3) 浓缩饲料　是将添加剂预混料和蛋白质饲料等，按规定的配方配制而成。一般可占配合饲料的30%～50%。

2. 按物理性状分

可分为粉状配合饲料、颗粒状配合饲料、微粒配合饲料等。颗粒状配合饲料有软颗粒配合饲料、硬颗粒状配合饲料和浮性颗粒状配合饲料三种。微粒配合饲料又分为微胶囊饲料、微黏合饲料和微膜饲料。

(1) 粉状配合饲料　粉状配合饲料由一定比例饲料原材料经过碾压、搅拌、揉搓、混合均匀后形成。在饲养环节，会根据鱼类种类、体型大小和觅食习惯的不同，在粉状配合饲料中加入一定比例水，调配成浆状、糜状、面团状等。粉状配合饲料经过加工，加黏合剂、淀粉和油脂喷雾等加工工艺，揉压而成面团状或糜状,在水中不易溶散,适用于虾、蟹、鳖及其它名贵肉食性鱼类食用。

(2)微粒配合饲料 微粒配合饲料是直径在500微米以下、最小至8微米的新型饲料的总称。它们常作为浮游生物的替代物,称为人工浮游生物,供甲壳类幼体、贝类幼体和鱼类仔稚鱼食用。如对虾苗种期幼体微粒饲料,是采用超微粉碎及一些特殊制粒工艺制作而成。根据工艺等不同,苗种配合饲料也可分为微黏型、被膜型、微囊型和螯合型等,其颗粒大小分为几个等级,通常为溞状Ⅰ期(0.05毫米)、溞状Ⅱ期至糠虾Ⅰ期(0.05～0.12毫米)、糠虾Ⅱ期至仔虾Ⅱ期(0.12～0.25毫米)、仔虾Ⅲ期至出育苗池(0.25～0.35毫米)。

微粒配合饲料应符合下列条件:

① 原料需经超微粉碎,粉料粒度能通过200～300目筛。

② 高蛋白低糖,脂肪含量在10%以上,能充分满足幼苗的营养需要。

③ 投喂后,饲料的营养素在水中不易溶失。

④ 在消化道内,营养素易被仔、稚蟹虾消化吸收。

⑤ 颗粒大小应与仔、稚虾蟹的口径相适应,一般颗粒的大小在50～300微米。

⑥ 具有一定的漂浮性。

用于制备微粒配合饲料的原料有鱼粉、鸡蛋黄、蛤肉浓缩物、大豆蛋白、脱脂乳粉、葡萄糖、氨基酸混合物、无机盐混合剂及维生素混合剂。

三、淡水虾蟹配方饲料设计原则

(1)根据虾蟹生长发育阶段和生理特点对营养物质的需要设计配方 由于养殖虾蟹品种、年龄、体重、习性、生理状况及水质环境不同,对于各种营养物质的需要量的要求是不同的。配方时首先必须满足虾蟹对饲料能量的要求，保持蛋白质与能量的最佳比例。其次是必须把重点放到饲料蛋白质与氨基酸含量的比例上，使之符合营养标准，要考虑蛋白质氨基酸的平衡，即选择多种原料配合，取长补短，达到营养标准的规定。

（2）考虑虾蟹的消化道特点 由于虾蟹的消化道简单而原始，难以消化吸收粗纤维，因此必须控制饲料中粗纤维的含量在最低范围，一般控制在3％～10％，糖类控制在20％～45％。根据不同虾蟹的消化生理特点、摄食习性和嗜好，选择适宜的饲料。如血粉含蛋白质高达83.3％，但可消化蛋白仅19.3％；肉骨粉蛋白质仅为48.6％，但因其消化率为75％，可消化蛋白质为36.5％，高出血粉一倍。

（3）掌握各种原料的营养特性 考虑饲料加工对营养物质的损失，平衡配方的营养成分，选用适当的添加剂。如混合维生素、混合无机盐、着色剂、诱食剂、黏合剂等。

（4）保证饲料卫生安全，降低成本 所选的原料除考虑营养特性外，还需考虑经济因素，要因地制宜，以取得最大的经济效益。

四、配合饲料配方的设计方法

饲料配方的设计方法可分为手工设计法、线性规划及计算机软件设计法。配制淡水虾蟹饲料时要注意饲料配方的合理性，考虑饲料营养，包括蛋白质、脂肪、维生素、矿物质等营养成分与容量的关系，注意饲料原料的选择，合理使用饲料添加剂等。

1. 手工设计法

（1）试差法 此法容易掌握，大致可分为五个步骤：

① 确定饲养标准；

② 根据当地饲料来源状况，以及自己的经验初步拟定出

饲料的原料试配配合率；

③ 从《中国饲料成分及营养价值表》查出所选定原料的营养成分含量；

④ 按试配配合率计算出所选定的各种原料中各项营养成分的含量，并逐项相加，算出每千克配合饲料中各种营养成分的含量，然后与饲养标准相比较，再调整到与饲养标准相符合的水平，再检查价格；

⑤ 根据饲养标准添加适量的添加剂，如维生素、无机盐等。

（2）对角线法（或称交叉法，方形法） 此法简单易行，其缺点是只能满足一项指标（如粗蛋白）的需要量，而不能考虑多项营养指标。在需要考虑的营养指标较少的情况下，可采用此种方法。

例：用蛋白质含量分别为 17%、40% 的次粉和豆饼，配制粗蛋白质含量为 38% 的混合饲料，计算方法如下：

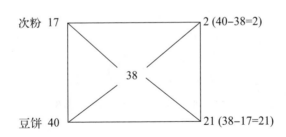

次粉应占比例为：$\dfrac{2}{2+21} \times 100\% = 8.70\%$

豆饼应占比例为：$\dfrac{21}{2+21} \times 100\% = 91.30\%$

验算：$8.70\% \times 17\% + 91.30\% \times 40\% = 38\%$

例：如某养殖场为成蟹设计饲料配方，选用鱼粉、大豆饼（粕）、玉米、米糠、麸皮、次粉、矿物质及维生素添加剂，其步骤如下：

① 查《成蟹的营养需要量表》，确定饲料中的粗蛋白质含量为35％；再查《中国饲料成分及营养价值表》。例如，各原料粗蛋白质含量为：鱼粉60％，大豆饼（粕）37.4％，玉米9％，米糠13.6％，麸皮16.1％，次粉14.2％，添加剂不含蛋白质。

② 把各饲料原料，按蛋白质含量多少分成三类，即蛋白质饲料、能量饲料及添加剂。按原料来源情况与价格，初步规定每一种原料在各类中的比例，然后计算各类饲料的蛋白质含量。

蛋白质饲料：鱼粉 40％×60％＝24％

　　　　　　大豆饼（粕）60％×37.4％＝22.44％

　　　　　　蛋白质含量 46.44％

能量饲料：玉米 40％×9％＝3.6％

　　　　　　米糠 15％×13.6％＝2.04％

　　　　　　麸皮 15％×16.1％＝2.415％

　　　　　　次粉 30％×14.2％＝4.26％

　　　　　　蛋白质含量 12.32％

添加剂：蛋白质含量 0

③ 把不含粗蛋白质的添加剂从预计配制的配合饲料中除去，再核算余下的配合饲料中蛋白质的含量。假定配制100千克配合饲料，添加剂占3％，余下的为97千克。

97千克饲料中实际粗蛋白质含量应为：

35％÷（100－3）％＝36.08％

④ 画方块图，把实际要配制的蛋白质含量写在中间，左上角、左下角分别写能量饲料与蛋白质饲料的蛋白质含量，连接对角线，顺对角线方向为大数减小数，将差数分别写在右上

角、右下角,再计算求得两大类饲料应该占的比例。

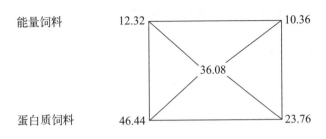

能量饲料的比例:$\frac{10.36}{10.36+23.76}\times 100\% = 30.36\%$

蛋白质饲料的比例:$\frac{23.76}{10.36+23.76}\times 100\% = 69.64\%$

⑤ 分别计算出各饲料原料在配方中的比例:

玉米	$97\%\times 30.36\%\times 40\% = 17.64\%$
米糠	$97\%\times 30.36\%\times 15\% = 6.615\%$
麸皮	$97\%\times 30.36\%\times 15\% = 6.615\%$
次粉	$97\%\times 30.36\%\times 30\% = 13.23\%$
鱼粉	$97\%\times 69.64\%\times 40\% = 21.16\%$
大豆饼(粕)	$97\%\times 69.64\%\times 60\% = 31.74\%$
矿物质混合盐	2.00%
维生素添加剂	1.00%
合计	100.00%

必须注意:方块的左边即两类饲料原料的粗蛋白含量,与要达到的配方指标相比,必须一大、一小。若两类原料都比配方要求的大或小,最后算出的配方是错误的。借助编程计算器,可在短时间内完成上述过程的快速运算,从而获得符合营养标准的配方。

(3)代数法 此法利用数学上联立方程求解法来计算饲料

配方。优点是条理清晰，方法简单；缺点是饲料种类多时，计算较复杂。

例：用玉米和某浓缩料为成年对虾配制一个蛋白质含量为30%的配方。

其计算步骤如下：

① 查《中国饲料成分及营养价值表》或实测得玉米的粗蛋白含量7.8%；

② 浓缩料标签：粗蛋白≥38%；

③ 列方程：设玉米占基础饲料配方的$x\%$，浓缩饲料占基础饲料配方的$y\%$，则得方程：

$$x\% + y\% = 100\%$$
$$7.8\% \times x\% + 38\% \times y\% = 30\%$$

④ 解方程

$$x = 26.49$$
$$y = 73.51$$

该配方玉米用量为26.49%；浓缩饲料用量为73.51%。

2. 线性规划及计算机软件设计法

线性规划（linear programming，LP）是最简单、应用最广泛的一种数学规划方法。为了获得营养合理、成本最低的配方，目前常采用线性规划法来设计。其原理是将养殖对象对营养物质的最适需要量和饲料原料的营养成分及价格作为已知条件，把满足鱼类营养需要量作为约束条件，再把饲料成本最低作为设计配方的目标，用电子计算机进行运算。所显示的配方可满足对饲料最低成本的要求，但设计出来的配方并不一定是最优配方，要根据养殖实践来进行判断，并依据判断调整和计算，直至满意为止。用线性规划法设计优化饲料配方必须具备的条件：

① 掌握养殖对象的营养标准或饲料标准；

② 掌握各种饲料原料的营养成分含量和价格；

③ 来自一种饲料原料的营养素的量与该原料的使用量成正比（原料使用量加倍，营养素的量也加倍）；

④ 两种或两种以上的饲料原料配合时，营养素的含量是各种饲料原料中的营养素含量之和（即假设没有配合上的损失，也没有交叉作用的效果）。

计算机软件设计法是：输入所要设计配方的营养、价格、原料要求等限制条件，利用计算机软件的饲料配方设计程序和饲料原料营养素数据库的数据，计算和设计出符合要求的饲料配方。计算机软件还可通过人工智能来优化配方。

计算机软件设计法的应用，弥补了手工设计法设计的配方粗糙和计算量大的缺点，可处理较多的因子关系，设计的配方也科学合理。

五、几种常见的淡水虾蟹饲料配方

幼体虾蟹常用饵料有单细胞藻（硅藻、骨条藻、角毛藻、金藻、菱形藻）、光合细菌、酵母、卤虫和卤虫无节幼体、轮虫及人工饲料。

1. 对虾饲料配方

① 秘鲁鱼粉 22.5%，虾糠 6%，花生仁饼 53%，黄豆、玉米、小麦等混合粉 14%，豆油及鱼油 2%，矿物质添加剂 2%，维生素 0.5%。

② 墨吉对虾：秘鲁鱼粉 30%，花生仁饼（粕）50%，虾头粉 10%，普通面粉 8.5%，添加剂 1.5%。

2. 罗氏沼虾饲料配方

① 鱼粉 8%，酵母 5%，花生仁饼（粕）33%，棉籽饼（粕）15%，玉米粉 6%，虾糠 8%，麸皮 10%，大豆粉 4%，

小麦粉 5%，矿物质 5.6%，复合维生素 0.4%。

②秘鲁鱼粉 15%，国产鱼粉 8%，酵母粉 4%，大豆磷脂 4%，大豆饼（粕）20%，花生仁饼（粕）7.4%，次粉 15%，虾壳粉 12.5%，小麦面筋粉 6%，植物油 1.5%，乳酸钙 0.5%，磷酸二氢钙 2.6%，预混料 3.5%。

3. 中华鳖饲料配方

白鱼粉 33%，秘鲁鱼粉 28%，酵母粉 5%，奶粉 4%，膨化大豆 8.1%，淀粉 17%，磷酸二氢钙 1.4%，预混料 3.5%。

4. 蟹幼体微颗粒饲料配方

鱼粉 45%，蛋黄粉 5%，蛤粉 2%，脱脂奶粉 10%，卵磷脂 0.5%，酵母粉 3%，小麦精粉 22.5%，玉米麸质粉 5%，乌贼肝油 1%，多维预混剂和矿物质 2%，明胶-阿拉伯树胶 4%。

5. 成蟹饲料配方

①鱼粉 36%，大豆饼（粕）33%，菜籽饼 5%，棉籽饼 4.5%，玉米 5%，糠麸 10%，复合添加剂 6.5%。

②智利鱼粉 18%，酵母粉 4%，虾壳粉 21%，大豆磷脂 5%，大豆饼（粕）15%。花生仁饼（粕）12%，玉米蛋白粉 6%，小麦粉 11.4%，植物油 1%。乳酸钙 0.4%，磷酸二氢钙 2.2%，预混料 4%（40 千克预混料中包含：多维预混剂 1 千克，矿物元素预混剂 3 千克，50%氯化胆碱 3.8 千克，甜菜碱 3 千克，胆固醇 2.5 千克，蟹蜕皮激素 1 千克，加丽素红 0.36 千克，复合益生菌 0.55 千克及载体 24.79 千克等）。

第三节　淡水虾蟹的饲料加工工艺

饲料原料是基础、饲料配方是关键、饲料加工是保障，饲

第二章 淡水虾蟹的饲料配制

料投喂是饲料与养殖的连接,生长速度和饲料效率是养殖效果,养殖单位质量虾蟹产品的饲料成本是最终结果。配合饲料质量的高低,除与配方设计、原料的选用有关外,还与所采用的加工工艺和设备有关。虾蟹对配合饲料的加工要求较高,主要表现在以下三个方面。第一,对饲料原料的粉碎粒度要求比较高。虾蟹消化道较短、直径小,原料粉碎的粒度直接影响其消化利用率,所以原料粉碎的粒度要细。第二,饲料的耐水性即黏合性要好。饲料必须具有良好的耐水性,否则会很快溃散,造成营养成分溶失。饲料的耐水性与原料种类有关,常用原料对饲料耐水性的影响顺序为:面粉>棉粕>小麦粉>鱼粉>菜籽饼(粕)>大豆饼(粕)>蚕蛹>麸皮>玉米蛋白粉>玉米粉>米糠。排序在前的原料在配方中占的比例越大,饲料的耐水性越好,而排序在后的原料在配方中占的比例越大,饲料的耐水性越差。为此,可以加入黏合剂,或采用后熟化工艺,使配合饲料能在水中维持数小时不溃散。第三,考虑饲料的可消化性。淡水虾蟹不能有效地利用无氮浸出物,配合饲料中应以动物性饲料为主,还应在饲料中添加维生素C、烟酰胺和维生素E。因此,在进行淡水虾蟹配合饲料的研究和生产时,必须充分考虑上述特点,合理地选择加工设备和工艺,设计并生产出符合要求的饲料。

当前我国淡水虾蟹配合饲料的加工主要采用两种加工工艺,即先粉碎后配合和先配合后粉碎。

一、先粉碎后配合加工工艺

具体流程为:原料接收和清理→粗粉碎→一次配料→一次混合→一次粉碎→超微粉碎→二次配料→调质→颗粒机制粒→稳定器→后熟化→冷却器→分级筛→清粉→包装→入库。需要粉碎的原料通过粉碎设备逐一粉碎成粉状,破碎料和1.0毫米、

1.2毫米小颗粒至少占98%，虾蟹饲料粉碎颗粒应过200目筛，然后分别进入各自的中间配料仓，按照饲料配方的配比，对这些粉状的能量饲料、蛋白质饲料和添加剂饲料逐一计量后，进入混合设备进行充分混合，即成粉状配合饲料，如需压粒就进入压粒系统加工成颗粒饲料。这种配合饲料加工工艺的特点是，单一品种饲料源进行粉碎时粉碎机可按照饲料源的物理特性充分提高其粉碎效率，降低电耗，提高产量，降低生产成本，粉碎机的筛孔大小或风量还可根据不同的粒度要求进行调换或选择，这样可使粉状配合饲料的粒度质量达到最好的程度。缺点是需要较多的配料仓和破拱振动等装置；当需要粉碎的饲料源超过三种时，还必须采用多台粉碎机，否则粉碎机经常调换品种，操作频繁，负载变化大，生产效率低，电耗也大。目前这种工艺已采用电脑控制生产，配料与混合工序和预混合工序均按配方和生产程序进行。我国大多采用这种加工工艺。

二、先配合后粉碎加工工艺

具体流程为：原料接收和清理→配料→混合→原料粉碎→二次混合→调质→颗粒机制粒→后熟化→虾料通常需要烘干→冷却→过筛包装或破碎后过筛包装。先将各种原料（不包括维生素和微量元素）按照饲料配方的配比，采用计量的方法配合在一起，然后进行粉碎，粉碎后的粉料进入混合设备进行分批混合或连续混合，并在混合开始时将被稀释过的维生素、微量元素等添加剂加入，混合均匀后即为粉状配合饲料。如果需要将粉状配合饲料压制成颗粒饲料时，将粉状饲料经过蒸汽调质，加热使之软化后进入压粒机进行压粒，然后再经冷却即为颗粒饲料。它的主要优点是：难粉碎的单一原料经配料混合后易粉碎；原料仓同时是配料仓，从而省去中间配料仓和中间控制设备。其缺点是：自动化程度要求高；部分粉状饲料源要经粉碎，造成粒度过细，影响粉碎机产量，又浪费电能。欧洲大多采用这种工艺。

三、配合饲料加工工艺流程

1. 粉状饲料

基本工艺流程为：粉状饲料原料接收和清理→部分原料粗粉碎→一次配料→一次混合→微粉碎（添加预混料）二次混合→包装。粉状饲料在使用时，可补充添加物后搅拌捏合成团或制成软颗粒饲料后饲喂。

2. 微颗粒饲料

微颗粒饲料的加工工艺比较复杂，加工条件要求高，但加工方法和设备较为简单，投资也少，主要利用黏合剂的黏结作用保持饲料的形状和在水中的稳定性。基本工艺流程为：原料接收和清理→原料粗粉碎→配料→微粉碎→加入黏合剂后搅拌混合→固化干燥→微粉化→过筛包装。

第四节 配合饲料的质量管理与评价

虾蟹用配合饲料的质量管理指从原料采购至产品销售及投喂前的贮存等整个过程，包括原料采购、原料检验、原料进库、配方设计、生产过程、产品包装、贮藏保管等各个环节。

一、虾蟹用配合饲料的质量管理

虾蟹用配合饲料的质量包括感官指标、物理指标、营养学指标和卫生学指标等。

1. 感官指标

人类的感官包括视觉、嗅觉、味觉、听觉及触觉等。通过感官鉴定是最原始也是最简单和基础的检查方法。通常的饲料感官要求色泽一致，具有该饲料或原料固有的气味，无异味，无发霉、变质、结块等现象。无鸟、鼠、虫粪便等杂质污染。颗粒饲料表面光滑，粉料粒度均匀并合乎质量要求，对虾、蟹等饲料要求有良好的伸展性和黏弹性。

（1）视觉鉴定　通常视觉检查可以了解单个原料的形状、色泽，是否掺有异物，是否微生物侵染等。鉴定时，如果待测产品为白色，则背景颜色应该为黑色；如果待测物品为黑色，则背景宜为白色。其他色泽的待测物品多用白色背景。另外需注意光线明暗，以保证对原料的颗粒大小、色泽、形状等有正确的判断。必要时可加少量水，观察色泽变化。

（2）嗅觉鉴定　刺激性和腐败性原料可通过气味鉴定出来。如臭味较重，则容易判别；如果判断困难，可通过加温水搅拌使其异味散发出来。

（3）味觉鉴定　通过舌头的感觉，可以鉴别出原料的新鲜度、刺激性味道及砂粒情况。注意：为了避免有毒有害物质损害人体健康，用口鉴定后，一定要漱口。

（4）听觉鉴定　某些原料或饲料，如干燥良好，在振动时发出金属音，反之，水分过高则无金属音。还可以饲料掉落的声音来鉴定饲料的品质。该方法仅作为辅助方法。

（5）触感鉴定　用手来感觉待测物品的密度、干燥程度及硬度等，并判断饲料是否正常。可以通过攥握判定大致的水分含量。

2. 显微镜检查

显微镜检查简称镜检，通常用来观察饲料或原料的外观形状、颜色、颗粒大小、软硬、构造等。亦可通过高倍显微镜来观察细胞组织结构以鉴别饲料，主要目的是检查饲料是否有掺假、污染以及加工处理是否合适等。

3. 粒状饲料外形性质检查

由于水产动物种类不同，食性、大小不同，对饲料的形状等要求也不同。颗粒饲料的外形性质通常包括直径比、体积、含粉率、细度等。

（1）**直径比** 即圆柱形饲料的长度与直径之比，直径由虾蟹的口吞食适宜度来确定，长度是由虾蟹摄食方式和进食时间来决定的。

（2）**密度** 即单位体积颗粒饲料的质量。密度的大小影响饲料的沉浮能力，通常调节饲料的沉降速度就是调节饲料的密度。

（3）**含粉率和细度** 含粉率亦称粉化率，是造粒过程中不符合粒状要求的粉状物占饲料总量的比例，这些粉状物在投喂过程中大多不能被虾蟹摄食，不但造成饲料浪费，还会污染水体。粉化率可通过过筛法测定。

4. 黏团性饲料黏弹性测定

对于中华鳖等的饲料，因动物在进食时有拉扯行为，因此要求饲料有一定的黏弹性。食品科学中通常可以用质构仪来测定，但一般仍以感觉来估计。

5. 营养学指标

饲料的营养学指标主要包括各种营养素的含量和比例，如能量、粗蛋白、必需氨基酸、粗脂肪、必需脂肪酸、粗纤维、无机盐和维生素等。

6. 卫生学指标

遵循中华人民共和国国家标准 GB 13078—2017《饲料卫生标准》，及其他如 NY 5072—2002《无公害食品 渔用配合饲料安全限量》中的要求等。限制饲料中对动物和人类健康有影响的有毒有害物质，如有害微生物、有害重金属、有害药物、其他有机物或农药残留物等。

二、虾蟹用配合饲料的质量评价方法

1. 化学评定法

分析饲料中各种营养成分的含量是评定饲料营养价值的基本方法。通常应该分析的指标包括粗蛋白、粗脂肪、无氮浸出物、粗纤维、粗灰分、钙、磷以及能量等。还可以测定饲料的砂分、盐分和非蛋白氮。纯养分化学测定包括饲料的氨基酸组成、脂肪酸组成、常量及微量元素的组成,另外可检测脲酶、氰化物、亚硝酸盐、棉酚、黄曲霉毒素,油脂的碘价、酸价及过氧化物价等指标。

2. 消化率评定

饲料的化学成分分析通常只能反映某些营养素的含量,而虾蟹对不同来源的营养素的消化和吸收效率并不一样。消化率高,则饲料中营养物质可被利用的成分占比就大,表明饲料的质量就高。

3. 养殖试验评定

通过养殖试验,使用被测饲料投喂养殖对象一定时间周期后,观察生长速度、生物量的增加、饲料系数(或饲料效率)及经济效益评价配合饲料质量的指标。养殖试验是评价饲料质量的可靠办法,它反映了饲料综合效果,包括饲料营养组成和科学性、可消化性、饲料效率和安全性等。评价指标通常有生物学指标,如体重、体长、单产等;饲料系数与饲料效率,饲料系数是指养殖对象单位体重所消耗的饲料量,饲料效率是饲料系数的倒数,一般以比例(%)表示;废物排放;产品品质及养殖效益核算。

第三章

罗氏沼虾的养殖

罗氏沼虾（*Macrobrachium rosenbergii*），英文名 giant river prawn，又名淡水长臂大虾、泰国虾、白脚虾、金钱虾、马来西亚大虾等，隶属于节肢动物门（Arthropoda）、甲壳纲（Crustacea）、十足目（Decapoda）、腹胚亚目（Pleocyemata）、真虾下目（Caridea）、长臂虾科（Palaemonidae）、沼虾属（*Macrobrachium*）。沼虾属现存的种类很多，我国内陆淡水水域盛产的青虾和海南沼虾即属于该属，这两种虾体型较小，是中型虾类，而罗氏沼虾是目前已知的沼虾属中个体最大的一种，也是世界上最大的淡水虾类，素有"淡水虾王"之称，是世界上养殖量最高的三大虾种之一。

罗氏沼虾营养丰富，味道鲜美，肉质紧致，深受群众喜爱。营养成分分析显示：其可食部分每百克虾肉含蛋白质 20.5 克、脂肪 0.48 克、水分 77.83 克，并含有多种维生素及人体必需的微量元素。其蛋白质含量与对虾（20.6%）相当，远高于草鱼（17.9%），是优质高蛋白水产品。成熟的罗氏沼虾头胸甲内充满了生殖腺，具有近似于蟹黄的特殊鲜美之味。

罗氏沼虾原产地为印度—西太平洋区域的热带和亚热带地区，主要分布于孟加拉国、文莱、柬埔寨、印度、印度尼西亚、马来西亚、缅甸、巴基斯坦、菲律宾、新加坡、斯里兰卡、泰国等,生活在各种类型的淡水和半咸水水域。

罗氏沼虾生长快、个体大、食性杂、味道鲜美、营养丰富、驯化容易、适应性强、生产周期短,在淡水或半咸水中均可养殖,因此得到世界许多国家农业部门的重视。1961年,林绍文博士在马来西亚研究所研究罗氏沼虾的育苗时发现,其幼体必须要在一定盐度的环境条件下才能生存和发育生长,并在实验室内首次完成罗氏沼虾幼体发育史的研究。1962年取得人工繁殖的成功。1963年开始培育种苗进行试养。此后移养于亚洲、欧洲、美洲等一些国家和地区。在整个东南亚均有养殖,以泰国、马来西亚等国家养殖最多。美国和日本养殖也比较普遍。美国夏威夷水温适宜,全年均可养殖该虾,采用轮捕轮放,年产量可达200~225千克/亩(1亩=666.67米^2)。日本采用小水体高密度集约化养殖,产量可达1300千克/亩。

我国台湾地区1970年首先引进养殖。1976年,我国大陆地区自日本引进该虾,在广东省水产研究所(现水科院珠江水产研究所)试养。1977年人工繁殖取得成功,此后在全国十数个省份推广养殖成功,经济效益显著。目前罗氏沼虾养殖项目方兴未艾,全国各地尤其是内陆各省份,纷纷建立育苗基地和养殖场,罗氏沼虾已经成为水产养殖业高产、高值、优质的品种。

第一节 罗氏沼虾的生物学特性

一、形态特征

1. 体色

罗氏沼虾(图3-1)体色呈淡蓝色,间有棕黄色斑纹。体色也常随栖息水域环境而变化,水域透明度大则体色变淡,水域透明度小,体色往往较深。该虾体躯粗壮,头胸部较粗大,腹部自前往后逐渐变小,末端尖细。

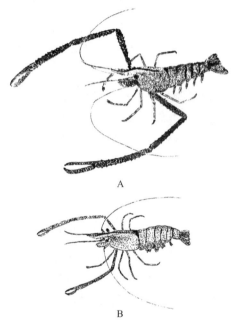

图 3-1 罗氏沼虾

A—雄 B—雌

2. 躯干

罗氏沼虾体分头胸部和腹部,共 20 节,头部 5 节,胸部 8 节,腹部 7 节。头部、胸部外面覆盖着一个共同的甲壳,称头胸甲。头胸甲前端延长呈刺状,称额角。额角长,其长度常随着年龄的增长而变短,末端超出第一触角鳞片的末缘,基部具一鸡冠状隆起,末端向上翘,这是罗氏沼虾的特征之一。额角上、下缘均具齿,上缘 12～15 齿,下缘 8～14 齿。齿在鸡冠部的排列较紧密，末端齿排列较稀疏。腹部每节外骨骼形成腹甲。头胸甲与腹甲均光滑，无颗粒状突起。头胸甲具胃上刺、触角刺、肝刺，无鳃甲刺。这是沼虾属的分类特征。腹部第二节的腹甲侧甲覆盖于第一和第三节腹甲侧甲上，这是真虾类的鉴别特征。

3. 附肢

罗氏沼虾除最后一节外，其它每节具一对附肢，共19对附肢。头部五节附肢分别为第一触角、第二触角、大颚和第一小颚、第二小颚；胸部八对附肢，前三对为第一至第三颚足，后五对为步足。罗氏沼虾前两对步足末端指节呈钳状，第二步足较其它步足粗长，特别是雄性第二步足尤其发达，呈蔚蓝色。后三对步足末端指节呈爪状。雌性第四步足、第五步足基部的腹甲上无纳精囊。腹部腹肢6对，前五对为游泳足，除用来游泳外，繁殖时还用来抱卵。第六对附肢为尾肢。性成熟的雄虾，第一对游泳足不形成交接器，但第二游泳足的内肢内侧，除了有一内附肢外，还能看到一个棒状的雄性附肢。腹部最后一节称尾节，无附肢，尾节末端的中央刺超出内侧长刺的末端，这也是罗氏沼虾的重要特征。尾肢与尾节共同构成尾扇，控制身体在水中升降和向后弹跳。

二、生活习性

1. 栖息习性

（1）适盐　罗氏沼虾是溯河性虾类。自然水域中，其幼体完成变态后就进入淡水中生活，其抱卵虾和亲虾阶段均生活在淡水中。其幼虾和成虾在淡水和半咸水中都能生长，甚至受精卵在淡水和半咸水中也能孵化。但是其幼体的变态发育过程必须在具有一定盐度的水中进行，水盐度范围为

第三章 罗氏沼虾的养殖

1.2%～1.4%，或相对密度1.005～1.010。成虾和幼虾所能生活的盐度上限也大致如此。盐度太高，成虾和幼虾也会死亡。在淡水中变态，其幼体在数小时内就会出现麻痹死亡；在相对密度超过1.025的海水中培养受精卵，胚胎会出现脱水，无法发育，成虾和幼虾在此相对密度下的半咸水中也会死亡。

(2) 适温　罗氏沼虾是分布于热带和亚热带的虾类，其适应的水温范围是15～34℃，最适水温25～30℃，亲虾饲养最适水温27～28℃。水温15℃和35℃是其临界水温。此外，罗氏沼虾还不能忍受水温剧变，当水温突然升高或下降超过5℃时，成虾就会急躁不安，沿壁狂游，还会出现同类相残。该虾对低温的适应性也很差，水温低于18℃，即停食，反应迟钝；低于15℃，几天内就会死亡。

在受精卵孵化和幼体变态发育过程中，水温的影响很大。一般来说，在适温范围内，温度越高，受精卵孵化和幼体变态时间就越短。在水温29℃、26℃、25℃、23℃条件下，罗氏沼虾幼体90%以上完成变态发育所需要的时间分别为35天、42天、45天和51天。

(3) 光线　罗氏沼虾的幼虾一般夜间孵出，具有较强的趋光性。完成变态发育的虾开始行底栖生活，转为负趋光性，昼伏夜出，摄食和蜕皮大多在夜间，但生殖期间也会在白天进行交配。虽然该虾的幼体趋光，但是在培育和养殖期间也要避免光线直射，光线透过率过大，也会对幼体发育不利，尤其在幼体发育的最后阶段，其生活习性开始转变，对直射光线特别敏感，直射会使幼体色素变白，导致其大量死亡。因此，幼体培育阶段光线要求1000～4000勒克斯，前期稍强，后期逐渐转暗。

(4) 水化因子　罗氏沼虾喜欢栖息在水质清新、有一定水生植物的水底。pH值适宜范围为7~8。养殖期间由于水质污染和过剩饵料、动物粪便、水底有机质等发酵的原因，水体pH值会逐渐降低，因此要加强水质管理。罗氏沼虾养殖期间还要注意水中溶解氧含量（DO值）。一般幼体培育阶段DO值要高于3毫克/升，成虾养殖阶段DO值要大于5毫克/升。

（5）好斗　罗氏沼虾生性好斗，这是沼虾特殊的生物习性，也是限制其高密度养殖的突出问题。食物缺乏时，强壮的雄虾会吃掉同类。蜕壳虾最容易受到攻击，大虾吃小虾屡见不鲜，有时也会看到几只小虾联合攻击一只大虾。攻击性越强的虾生长速度越快。因此，在人工养殖时，为避免罗氏沼虾因好斗而出现损失，就要采取相应的措施。如池底设置较多的隐蔽物；控制池水适宜的透明度；合理投饵，保证足量饵料；适量增加投饵次数；单性养殖等。

2. 食性

罗氏沼虾是杂食性动物，不同发育时期，对食物的要求不同。自受精卵刚刚孵化出的幼体，称溞状幼体。从溞状幼体到第一次蜕壳，其吸收自身卵黄囊。第一次蜕壳后，开始摄食浮游生物。人工培育过程中，主要投喂丰年虫无节幼体，后期还可投喂煮熟的鱼肉碎、蛋黄碎等细小适口的动物蛋白饲料。随着个体生长，食性逐渐转杂。幼虾阶段主要摄食水生蠕虫、小型甲壳类、动物尸体、水生昆虫的幼体、有机质碎屑、水生植物碎片等。到了成虾阶段食物种类更杂，动物性的有水生昆虫、小型软体动物、小型甲壳动物、蚯蚓、小鱼及各种动物尸体等；植物性的有鲜嫩的水生植物、附着性藻类、谷物、豆类等。人工养殖时，为避免营养缺乏，可以以投喂人工配合饲料为主，辅以新鲜的天然饵料。

3. 蜕壳与生长

罗氏沼虾的个体生长发育是通过一次次蜕壳实现的。从受精卵孵出溞状幼体，已是后期，溞状幼体能主动游泳。游泳姿态是头向下，倒退运动。溞状幼体经多次蜕壳，发育为仔虾。这一时期，林绍文将其分为 8 期，宇野宽将其分为 11 期。仔虾开始转入底栖生活，经多次蜕壳，成为成虾。在蜕壳过程中，当旧壳退掉，新壳未硬化时，虾处于最危险的境地，极易受到攻击。在整个发育阶段，一般早期蜕壳间隔时间短，后期间隔时间长。

罗氏沼虾生长快，个体大，但同一年龄段的雌雄个体之间生长快慢和大小有明显差异。性成熟前，雌雄个体生长速度和个体大小差异不大。临近性成熟时，雌虾的营养大部分都用来供给卵巢发育，因此生长速度开始大幅下降，而雄虾尽管也会发育性腺，但不会像卵巢发育那样消耗大量营养，因此对生长速度影响不大。所以同龄长成的雌虾、雄虾，雄虾的体重会达到雌虾的数倍。

4. 繁殖习性

（1）雌雄鉴别　养殖的罗氏沼虾在环境适宜、饵料充足的情况下 4~5 个月，部分就能达到性成熟。自然水域中，由于条件限制可能需要较长的时间才能达到性成熟。

性成熟的雌、雄虾，两性特征肉眼可辨：

① 同龄虾中，雄虾个体明显大于雌虾；

② 雄性第二步足特别长且粗壮，呈蔚蓝色，性成熟的雄性个体，第二步足长度超过身体长度，性成熟的雌性个体，第二步足长度一般不会超过体长；

③ 性成熟的雌虾，腹肢发达，纤毛丛生，腹甲侧甲向内延伸，形成抱卵腔，用以抱卵；

④ 性成熟的雌虾，能透过头胸甲看到橙黄色的卵巢，十分发达；

⑤ 性成熟的雄虾，第二游泳足的内肢内侧，除了有一内附肢外，还能看到一个棒状的雄性附肢；

⑥ 雄虾生殖孔开口于第五对步足基部，雌虾生殖孔开口于第三对步足基部。

（2）产卵与孵化　罗氏沼虾每年产卵期为4～11月，产卵盛期在5～8月。亲虾在水温适宜时交配。交配前亲虾会先蜕壳，蜕壳后一般3～6小时进行交配。交配时，雌、雄亲虾靠近，雄虾生殖孔紧紧靠住雌虾腹面，射出精荚（也称精索），黏附在雌虾第四、五对步足基部之间，呈胶块状。整个过程大约需要几分钟。雌虾在交配后24小时内产卵，大多时候，雌虾在夜间产卵，对光线反应迟钝。产卵时，雌虾身体剧烈摆动，忽而弓起身体，忽而伸直腹部向前游动，一直到卵全部产出。产出的卵与精荚内放出的精子相遇，完成受精作用。

罗氏沼虾的受精卵呈椭圆形，橙黄色，黏结在一起呈葡萄串状，附着于雌虾腹部1～4对附肢的刚毛上，称为抱卵。抱卵期间，雌虾会经常摆动游泳足，形成水流，使得受精卵得到充足的氧气，还会经常用第一步足清除死卵和异物。未受精的卵在2～3天内会自行脱落。雌虾的产卵量因雌虾个体大小、营养水平而有差异。体长12～13厘米的雌虾每次产卵量为1万～3万粒，而体长20厘米以上的雌虾每次产卵量则可达10万～20万粒，最高可达25万粒。

受精卵一直在雌虾的精心抚育下完成胚胎发育，产出溞状幼体。而雌虾会重新发育卵巢，再次交配产卵，抱卵孵化，周而复始。在一个交配季节，一只雌虾一年可产卵7次，一般为4次，每次间隔23～31天。

第二节 罗氏沼虾的苗种生产

一、亲虾选择与培育

1. 亲虾选择

要进行罗氏沼虾的苗种生产，最重要的是选择一批性成熟度好、个体强壮的成虾作为亲虾。养殖单位可以结合年底的成虾收获，针对性地做出选择存留。选择亲虾时首先要鉴别雌雄，两性特征见前节。雌雄比例4∶1或5∶1。需要亲虾越冬的地区，由于越冬期雄虾死亡较多，因此选留亲虾时，应按2∶1或3∶1选留。亲虾应选择个体大、活泼、肥壮、无伤无病、体色鲜艳、附肢完整（特别是步足和腹肢无缺损）、体表清洁、无寄生物的。一般雌虾体长9厘米以上，体重25克以上；雄虾30克以上。

2. 亲虾培养

（1）亲虾池的准备　亲虾池应建造在水源充足、无污染、交通方便、环境安静的地方。虾池应有独立的排灌水设施，位置尽量靠近幼体培育池。虾池面积50～100米^{2}为宜，池深1.2～1.5米即可，能保持水深1米左右。池太大，繁殖期间操作不方便。水质要求DO值3毫克/升以上，pH7～8，其他水质指标符合GB 11607—1989《渔业水质标准》的要求。虾池底部铺水泥或用砂质土，并向排水口有一定倾斜，便于排水。虾池进水前，一定要认真检查虾池的各项设施，确保进排水、加温、充气、保暖等正常，池底无渗漏、无杂物。然后进行彻底清塘消毒。消毒药物通常选择生石灰、漂白粉或其他渔业允许使用的市售消毒剂。进水后,池底设置适量的隐蔽物。确保消毒药物毒性消失后,方可放入亲虾。

(2) 亲虾放养 亲虾入池前,要对亲虾进行药物消毒,杀灭可能从成虾池带入的病原体。陈丕茂的研究显示,用灭菌灵或杀藻铵20～30毫克/升充气消毒10～30分钟,消毒效果良好。

(3) 放养密度 单尾亲虾体重25～30克时,每平方米水体可放养10～12尾。

(4) 亲虾培育 对于罗氏沼虾,在年末选留亲虾,亲虾要在亲虾池越冬。因此,亲虾培育分为亲虾越冬和产卵两个阶段。我国南北方冬季温度相差悬殊,南北方养殖罗氏沼虾越冬的方式也不同。在海南、福建、广东、广西地区,冬季多在亲虾池上搭棚覆盖塑料薄膜,也有温室越冬或玻璃温室配加温设施越冬;而在北方地区,冬季寒冷,则必须建设专门的温室,充分利用地热资源、温泉水、工厂余热水或锅炉蒸汽加温越冬。

越冬期间,亲虾池的主要饲养管理工作如下。

① 投饵。亲虾好斗成性,饥饿就会自相残杀,必须保证饵料充足,营养丰富。但又不能喂太多,残渣剩饵容易导致水质迅速恶化。所以,越冬期间,投饵的原则是少量多次,营养丰富。一般每天的投饵量占池内亲虾总质量的6%～7%,上午、下午各投一次。饲料最好以鲜活动物性饲料为主,如鱼虾、贝类、蚯蚓、蚕蛹等,种类多样,营养丰富,蛋白质含量在40%～50%,切忌长时间单喂一种饲料,也可适当搭配配合饲料。

② 水温控制。越冬期间,亲虾池水温控制在18～22℃。温度过高,亲虾活动性大,摄食旺盛,徒增消耗,耗氧量还高,水质也容易恶化。越冬后,在繁殖前20天左右,逐渐提

高水温至 26～28℃。

③ 增氧。亲虾培育期间，摄食旺盛，有机质产生多，需要大量溶氧。因此，培育池水中含氧量应保持在 4～5 毫克/升，采取的措施是充气、流水养殖、经常换水、定时排污等。

④ 产前强化培育。在繁殖前 1 个月左右，亲虾要进行强化培育。首先将水温逐渐提高到 26～28℃。这期间至产卵，要加强投喂，并提高水中的含氧量，定期加注新水，保持水质清新。经过 15～20 天的强化培养，亲虾就会达到性成熟。当观察发现雌虾的卵巢已经变成橘黄色并充满整个头胸甲背部时，说明即将产卵。这时，要将多余的雄虾捞出，使雌雄比例为 4∶1 或 5∶1。

二、产卵和孵化

性成熟的亲虾在环境条件适宜的情况下，会自行蜕壳、交配和产卵、授精。受精卵橘黄色，黏结成葡萄串状，附着在雌虾的腹肢刚毛上，这时的雌虾称为抱卵虾。

亲虾池中，一旦发现抱卵虾，就要将抱卵虾捞出，放入幼体培育池，也可准备专门的孵化池，单独培养。抱卵虾孵卵期间，保持水温 26～28℃。投喂新鲜优质的动物性鲜活饲料，投喂量以少量剩饵为宜，并及时排出剩饵及污物，防止水质污染。定期换水，每 2～3 天一次，每次换掉池水的 1/4～1/3，新水应水质清新，含氧量高，并用 150～200 目筛网过滤后入池。保持池水微流水或一直充氧。

罗氏沼虾的受精卵一般经 20 天左右孵出溞状幼体。孵化期间，每天要多次观察受精卵胚胎发育情况，发现问题，及时处理。罗氏沼虾的受精卵，从颜色上看，产卵后前 8 天呈黄色，并逐渐变淡，第 9～15 天由淡黄色变为淡灰色，15 天后，逐渐变为透明。卵的颜色变化与卵内卵黄的颜色变化一致。当受精卵由黄色变成灰色（约产卵后 12 天）时，每天加入适量海水，逐渐使水的盐度增至 1.2‰～1.4‰（相对密度 1.007～1.008）。孵化期间的各种操作尽量小心，避免抱卵虾受到惊吓，导致卵粒脱落。孵化池要搭棚遮阴，避免阳光直射和日晒雨淋，但又要光线充足。盐度、温度的调节要逐渐变化，切忌变化剧烈。

三、幼体培育

1. 育苗池

各国用于罗氏沼虾孵化和稚虾培养的设施不同。美国培育水池有两种，一种是室内小水泥池，容积约 2 米³，类似对虾加尔维斯通法育苗；另一种是室外露天长方形水泥池，每个容积 10～30 米³，应用"绿水育苗"。日本有用玻璃钢圆柱形容器育苗的，底部为漏斗状，水深 1 米，可容纳水 1000 千克左右；也有用长方形水泥池育苗的，容积 1～2 米³，水深 1～1.5 米。东南亚地区罗氏沼虾产卵池一般用 0.4 米×0.8 米×0.6 米，孵化池 0.3 米×0.6 米×0.4 米，幼体培育池 0.7 米×3 米×0.3 米。

我国目前罗氏沼虾产卵池、幼体培育池常见的有两种。一种是玻璃钢圆柱形，面积 4～6 米²，深 1～1.2 米，底部圆锥形，中央设排水孔；另一种是水泥池，面积 4～6 米²，池深 1 米左右，池底向排水孔有 5%～6% 的倾斜度，便于排污和出苗。各池平行排列，便于管理。各池设增氧充气、加温控温设施。一般产卵池、孵化池和幼体培育池均建在室内，用透光性良好的塑料薄膜或玻璃钢做顶搭建。要求光线充足，防风防雨，保温性好。以东西走向为宜。放苗前，各池应清洗消毒，加水 50 厘米左右备用。

2. 育苗用水

罗氏沼虾幼苗需在有一定盐度的半咸水中培育,盐度以1.2‰～1.4‰为宜。一般用天然海水和淡水混合配制。内地无海水,可用无氯淡水配制。以下提供几种育苗用半咸水配方供参考。

配方一:1吨无氯淡水加氯化钠10千克,工业用硫酸镁3千克,氯化镁360克,氯化钙360克,氯化钾180克,溴化钾20克,硼酸120克。

配方二:1吨无氯淡水加氯化钠9.5千克,氯化镁2千克,氯化钙100克,氯化钾300克。

配方三:1吨无氯淡水加氯化钠12千克,工业用硫酸镁0.7千克,氯化镁1.3千克,氯化钙200克,氯化钾200克。

配方四:1吨无氯淡水加氯化钠10千克,工业用硫酸镁3千克,氯化钙500克,氯化钾200克,小苏打70克,硼酸120克,六水氯化锶7.2克,硫酸锰1.4克,七水磷酸二氢钠1.4克,氯化锂0.4克,五水硫代硫酸钠0.4克,溴化钾9.7克,二水钼酸钠0.4克,硫酸铝0.3克,氯化铷0.05克,硫酸锌0.04克,碘化钾0.03克,五水硫酸铜(胆矾)0.04克。

以上成分充分搅拌混合,完全溶解后使用。规模较大的苗种培育,应设专门的配水池,配制好的半咸水加热至规定温度,再输送到各池使用。

3. 幼体培育密度

消毒好的培育池必须待药物毒性消失后才能使用。育苗用水应过滤入池。幼体培育密度据设备条件和管理水平而定,一般为5万～15万尾/米^3,设备条件好、管理水平高的养殖场可放养到15万～20万尾/米^3。

4. 培育管理

(1) 水质条件　罗氏沼虾幼体适宜的盐度范围为 0.8‰～2‰，育苗期间以保持 1.2‰～1.4‰ 为宜。由于每天水分的蒸发会提高培育用水的盐度，因此每天最好适当加入部分清洁淡水。

罗氏沼虾溞状幼体适温范围为 24～31℃，培育期间宜保持在水温 26～28℃。换水前后温差不应大于 2℃。

培育期间，池水溶氧应保持在 5 毫克/升以上。应连续充气，使水中溶解氧始终接近饱和。水的 pH 值应在 7～8，过高过低都会对幼体发育造成危害。

(2) 饵料投喂　溞状幼体刚孵出，依靠自身的卵黄囊生存，不摄食。两天后，第一次蜕皮，进入溞状幼体 II 期，开始摄食。

罗氏沼虾溞状幼体以小型浮游动物为饵，包括水蚤、桡足类、轮虫、卤虫的无节幼体或其它小型浮游动物，甚至小型昆虫。生产中主要投喂卤虫的无节幼体。一般每培养 1 万尾罗氏沼虾的溞状幼体需 0.5～0.8 千克卤虫卵孵化的无节幼体。在溞状幼体培育前期，池中的卤虫无节幼体密度保持每毫升水有 5 尾时，幼虾的成活率最高。其后培育无节幼体密度参见表 3-1。

表 3-1　幼体培育期每天每尾幼体的饵料量参数

时间	卤虫无节幼体/尾	颗粒饵料干重/微克
第 3 天	5	0
第 4 天	10	0
第 5～6 天	15	0
第 7 天	20	0
第 8 天	25	0

第三章 罗氏沼虾的养殖

续表

时间	卤虫无节幼体/尾	颗粒饵料干重/微克
第9天	30	0
第10～11天	35	0
第12天	40	70
第13～14天	45	80～90
第15～24天	50	100～180
第25～30天	45	200
第30天后	40	200

资料来源：引自《虾蟹养殖手册》。

溞状幼体进入Ⅴ、Ⅵ期后，除投喂卤虫无节幼体外，还要加喂胶囊微粒饲料，或少量煮熟、打碎、过筛的鱼、贝类肉或蛋黄。每天投喂3次，其中一次为晚间投喂。Ⅷ期后可直接投喂熟的鱼肉碎粒。有试验表明，幼体孵出后10～15天，投喂熟的贝肉碎粒，辅以水蚤，幼体成活率高。培育期间，投喂鱼、贝肉或蛋品，易下沉，不易被全部利用，因此要注意水质变化。

（3）日常管理　保持良好水质是培育管理的重中之重。培育池要持续充气和加温。保持水中溶氧达6毫克/升，氨氮含量控制在0.8毫克/升以下，水温稳定在28℃左右，pH7～8，最高不超过8。

培育期间，幼体密度大，蜕壳频繁，加之投喂蛋品或碎鱼贝肉，易沉底，容易污染水质，因此要经常吸污。有倾斜排污口的池子，可用旋转法搅动水流，让污物随水的漩涡集中于池底中心排污口，用虹吸法吸污（排污口必须有拦网）；没有排污口的池子，可用灯光将幼体诱集到池子一端，在另一端用虹吸法吸污。一般培育开始后4～5天不排污，以后隔天吸污1

次,中期每天吸污1次,后期每天吸污2次。每次吸污后加新鲜海水恢复原水位。

根据水质变化适时换水,每次换掉池水的1/3~1/2。后期水质易污染,应每天换水1次,发现水质恶化及时倒池。换水和倒池时应注意盐度和温度的稳定。

日常管理还应注意预防疾病。育苗池和所有工具使用前都要用含氯消毒剂或高锰酸钾溶液消毒,然后用清洁水冲洗干净后再用。饲料要清洁无污染。培育用水要经过砂滤和消毒后,毒性消失再入池。

幼体变态为仔虾,大约需25天。发育到Ⅵ期,即将变为仔虾时,是育苗的危险期,这时候要特别注意水质和饵料。在池中,幼体原来是头朝下,腹部向上,倒挂在水中,此时幼体几乎伸直,体色由全身红棕色开始变淡,即将蜕壳为幼虾。这时要在育苗池中悬挂网布,增加人工附着物,为幼虾提供附着场所,减少其相互蚕食和体力消耗,使幼体均匀分布。网布颜色以红、黑两色为宜。

在整个培育期,应适当遮阴,避免光线直射。到幼体培育后期不必再忌讳强光。

(4) 虾苗淡化 罗氏沼虾溞状幼体变态为透明状的仔虾后,开始由浮游生活转化为底栖生活。一般当90%的幼体变态完成后,即可将仔虾进行淡化,再转入淡水中饲养。未变态者用小网捞出集中到其它池子继续饲养。

虾苗淡化的方法是:将育苗池水排出一部分,然后加入淡水到原水位,再反复进行,直到池水全部变为淡水。也可以池子一端缓慢排水,另一端缓慢加入淡水,进水、排水速度要一致,直到池水全部变为淡水。整个淡化过程在6~10小时内完成,然后在淡水中暂养1~2天,便可出池。

四、幼虾培育（中间培育）

淡化后的幼虾体长7～8毫米，虽然生活习性与成虾相同，可以转入成虾养殖池饲养，但其身体羸弱，摄食和抗病力均差，直接转入成虾池，成活率较低。因此生产中常常再经过一个中间培育期，大约20天，待其长到体长2厘米以上时，再转入成虾池，成活率更高，俗称"标粗"。

1. 中间培育设施

幼虾的中间培育可用水泥池、小土池或网箱等。要求便于管理，易于捕捞。水泥池面积几十平方米到100米^2，水深70～80厘米，池底平坦，向出水口有一定的倾斜，便于排水和收虾。网箱为聚乙烯或聚氯乙烯网布制成的浮式网箱，面积5～10米^2，方形，高1.0～1.2米，网口露出水面20～30厘米。土池要求土质好，池壁坚固，保水性好，进排水方便，面积200～300米^2，水深能保持1米左右。

2. 培育前准备

幼虾放养前的准备主要是消毒和用水。水泥池排干水，用高锰酸钾溶液或含氯消毒剂消毒。土池用生石灰、含氯消毒剂和茶籽饼等常规消毒剂，采用干池或带水消毒法消毒。养殖用水可来自江河湖泊、水库、池塘或地下水，但使用前必须进行沉淀、筛绢过滤，井水还要充分暴晒增氧后，方可进入池塘。然后施肥培育，7～10天后放入虾苗。

3. 放养密度

室外水泥池每平方米可放淡化苗250～300尾，若用增氧或流水设施，可适当增加密度。室内水泥池，每平方米可放淡化苗4000～5000尾。池塘网箱培育每立方米可放淡化苗3000尾。土池培育每亩可放淡化苗15万～20万尾。

4. 培育管理

（1）投饵　池塘或水泥池进水后会施肥培育浮游生物，但培育池一般较小，不宜多施肥，以免水质恶化，所以人工投饵是沼虾幼体主要的营养来源。培育期间可投喂花生饼、豆渣、麸皮、黄豆粉、鱼贝肉碎片以及配合饲料等。每天投喂量掌握在幼虾总体重的15%～20%，分上午、下午和夜间三次投喂。网箱培育幼虾，投饵量要适当大些，可达幼虾总体重的20%。广东地区经验表明，用黄豆粉喂养培育效果较好。每周投喂几次煮熟的鱼肉碎片、蚯蚓、蚕蛹或其它动物性饲料，幼虾生长更好。根据幼虾喜欢沿边活动的习性，可沿池边水域均匀投喂。土池培育沿岸边每隔2米左右设一个食台，饵料投于食台上，易于检查摄食情况和清理残渣剩饵，提高饵料利用率。网箱培育要在网箱内设饲料盘，以便能随时提起清理。

（2）日常管理　中间培育期间要保持水质良好，及时清理残渣剩饵、网箱边的杂草及箱壁附着藻类；池底要多投放一些经过消毒后冲洗干净的瓦片、砖头、竹筒、挂网片等隐蔽物，避免幼体相互蚕食或敌害侵袭；池面可用围筐放养一些漂浮植物，如水葫芦（学名：凤眼莲）等，既能遮阴，又能为幼虾提供安全环境；设置好拦鱼设施，并经常检查疏通，既要能挡住杂鱼和敌害进入池塘，又不能妨碍池塘正常的进排水。水泥池培育要一直充气增氧，定期及时地清除残饵污物，保持水质良好。

5. 虾苗运输

虾苗运输一般采用尼龙袋充氧密封包装。常用尼龙袋就是常规鱼苗袋，容量20～25升，装水量1/3左右，放入虾苗，充氧后装入泡沫箱或纸箱运输。一般水温25～28℃，运输密度见表3-2。依此，水温高则少装，水温低可多装。

第三章 罗氏沼虾的养殖

表3-2 罗氏沼虾尼龙袋充氧运输密度

单位：尾/袋

运输时间/小时	4～6	7～9	10～12
淡化虾苗	8000	6000	5000
幼虾（2厘米）	3000	2500	2000
幼虾（3厘米）	1500	1000～1200	6000～7000

资料来源：引自《名特水产动物养殖学》。

第三节 罗氏沼虾的成虾养殖

一、养成方式

罗氏沼虾的成虾养成方式，主要有①池塘单养；②池塘鱼虾混养；③稻田养虾；④稻田鱼虾混养；⑤工厂化高密度流水精养；⑥湖泊、水库、河沟网箱养殖等形式。

这里主要介绍罗氏沼虾的池塘和稻田养殖。

二、池塘养殖

1. 池塘条件与清整

无论是新建还是改造老旧池塘，都要保证养虾池具有水量充足、水质清新、无污染的水源。池塘以沙质底又有一点淤泥、保水性好的较好，新开塘最适宜。池底要平坦，向排水口有一定倾斜度，保证能排干池水。池堤坝、池壁坚固，下雨不会坍塌。塘基坚实，减少敌害打洞藏匿。面积2～10亩为宜，最好5～8亩。池形长方形，东西走向为好。池深1.5～2米，能保持水位1.2～1.5米。要有独立的进、排水口。进、排水口都要设拦鱼网,防止虾逃逸和杂鱼、敌害进入。

放养虾苗前,旧塘要排干池水,清除过多淤泥,暴晒池底。然后无论新塘、旧塘均要使用生石灰或含氯消毒剂消毒,放入经筛绢过滤的清洁水。消毒药物毒性消失后,施肥培育水质。

另外,还要在塘内设置隐蔽物,如消毒后冲洗干净的网片、塑料或瓦管、树枝、竹筒等,还要在塘内种植一些水生植物,如凤眼莲、轮叶黑藻(学名:光果黑藻)等。池内种植水生植物,既能遮阴,又能吸收池内多余的营养物质和氨氮等有害物质,还能为虾提供隐蔽的场所,有利于虾的蜕壳,避免相互残杀,益处多多,是提高虾的成活率和产量的重要措施。

2. 虾苗放养

一般水温在18℃以上时就可以放养虾苗了。放养密度要根据虾苗规格、池塘条件、放养季节、饵料丰歉度、养殖技术高低和养殖产量要求而定。一般每亩可放淡化苗2万~2.5万尾,搭配0.25~0.5千克的鳙、0.1~0.2千克的鲢各30尾。搭配养殖的鱼应在虾苗放养后15天入池。放养标粗后的虾苗(体长2~3厘米),每亩可放0.8万~1.2万尾。小水泥池精养的话,放养密度可适当提高。

放养的虾苗要求同一池塘规格一致,避免相互残杀。放苗时,苗种袋内水温要与池塘水温一致。放苗操作要轻快而小心,避免苗体受伤,要顺风放苗,沿塘边慢慢放入。6月以前可浅水放苗,6月以后水温升高,要将虾池水深加到1米再放苗。放苗时间应为晴天、无风或微风的上午8时至9时或下午4时至5时,避免阳光直射。

3. 施肥与投饵

(1)施肥 为了提供虾的天然饵料,池塘施肥是一项重要的增产设施,尤其是淡化虾苗直接养成的,肥水培育更有利生长。通常使用的肥料是腐熟的动物粪便,如猪粪、鸡粪等,不但能肥水,增加水中的营养物质,培养浮游生物,而且猪粪含有大量的有机碎屑,可以直接为虾摄食。一般6月以前和10~11月,每5~10天施肥一次,每亩施放充分腐熟的粪肥50千克。7~9月,气温高,腐殖质发酵耗氧多,易败坏水质,施肥次数和数量要酌情减少。

另外,虾蜕壳需要一定的钙质,结合施肥,每15天左右可将2.5千克生石灰与粪肥搅拌在一起,充分腐熟后施放。需要注意的是,施肥时和水质较肥时,要注意开增氧机,防缺氧。

(2) 投饵 罗氏沼虾是杂食性生物,因此投喂多种饵料,有利于其摄取全面的营养,更能提高成活率、抗病力和生长速度,增加产量。罗氏沼虾喜食鱼贝肉、蚯蚓及其他动物碎肉,专门的罗氏沼虾配合饲料、对虾的配合饲料及粗蛋白含量30%以上的鱼用饲料也可以。最好确定一种饵料为主,其他天然饵料配合。注意饵料不能以菜籽饼为主。

放养淡化苗养成,前期可投喂黄豆浆、蒸蛋、鱼粉等。将黄豆粉用水泡成糊状,沿池边水域均匀泼洒。每天每亩可投黄豆浆1千克左右,视水质和虾的生长情况,酌情增减。20~30天后,可投喂配合饲料。若放养标粗后的2厘米以上的虾苗,可直接投喂配合饲料。由于罗氏沼虾的摄食方式是在池底将饵料拖到隐蔽处,用步足夹着吃,行进中不摄食。因此要求饲料要粒径适合,有一定的黏性,不能一夹就散。通常配合饲料粒径为3毫米,在水中成型时间能达2小时。

配合饲料每天的投喂量应为虾总体重的5%~7%,视水质、天气与虾的生长情况以及上一次的残饵量酌情增减。每天分上午8时至9时、下午4时至5时和晚间9时至10时三次投喂，晚间这一次量要稍大一些。虾在池中分散摄食，投饵时不要集中，应沿塘边水域分散投放。

4. 日常管理

俗话说"三分养，七分管"，日常管理是保证养虾丰收的重要环节。加强责任心，事无巨细，责任到人，管理到位，才能确保虾的成活率和产量。日常主要工作如下。

放苗后 10～15 天逐步提高水位。到 6 月底，水温升高，水位要稳定在 1.5 米以上。水源充足的地方最好保持池塘微流水。池水透明度保持在 25 厘米左右，pH7.5～8.5，溶解氧含量 3 毫克/升以上。安装增氧机，及时增氧防浮头。及时和定期换水。每天三次巡塘，仔细观察天气、水质和虾的摄食及生长情况，高温季节尤其是气压低、阴雨连绵的天气，加强巡塘，发现异常情况，及时开增氧机或换水。

投饵时，仔细观察虾的摄食、生长情况和残饵量，据此酌情增减投饵量。气压低、阴雨连绵的天气，应减少投饵甚至停饵。

每次巡塘时，应检查进排水口和池壁、堤坝等池塘设施。保证拦鱼设备无破损，防止虾的逃逸和杂鱼、敌害入池。确保池壁、堤坝坚固不坍塌。一旦发现异常，及时处理。

5. 收获

水温降到 18℃以下时，罗氏沼虾摄食减少，生长缓慢，就可以收虾上市了。收获一般有轮捕轮放、捕大留小和年底大收两种形式。

轮捕轮放、捕大留小，一般平时在塘边用手抄网捕捞随时上市。也有的定期用网目为 5 厘米的拉网，定期捕捞大规格的虾上市，小虾继续在池中养殖。

年底大收，是指年底全部捕捞。一般水温降到 18℃以下时，就可以进行了。方法是拉网或排水干塘捕捞。用不同网目的拉网拉捕可以在捕捞时大体将不同规格的养成虾分开。排水捕捞是在放水闸门安装上锥形网放水捕虾，将随水而出的大小虾一网打尽。

三、稻田养殖

我国拥有悠久的稻田养鱼历史，但稻田养虾历史不长。其实稻田养虾的生态意义、经济意义同稻田养鱼相同，其基本方法也类似。

1. 养虾稻田的要求和准备

养虾稻田要选择水源充足而水质清澈，无污染，排灌方便，土壤保水性好的。面积2～3亩或以上，实行垄稻栽培法。沿稻田四周边缘挖出环形沟槽，与田埂相连，沟宽1.0～1.2米，深0.8米。稻田中间垂直挖环沟，纵横挖数条浅沟宽0.5米、深0.3～0.4米，与环沟相连。这些深浅沟，统称虾沟，是虾活动的主要通道。在稻田排水口处挖一个小水池，与深沟相连，是为虾池，面积约占稻田面积的1/10，深1米左右，是虾的主要栖息场所。用挖沟和池所挖出的泥土加高加固田埂，使田埂高达到0.5米、宽0.8米。田埂一定要牢固，下雨不坍塌。田埂不但能防洪防涝保水保肥，还能在其上种植瓜菜、豆类等，增加经济效益。稻田进排水口内外要设置拦鱼网和栏栅，栏栅阻拦杂物进入稻田，拦鱼网阻拦杂鱼和敌害随水进入稻田，也防止虾向外逃逸。

虾苗放养前半月左右，稻田开始清整消毒。将虾池、虾沟及稻田中的树枝、杂物、淤泥全部清理出稻田。注入清洁水，用生石灰对虾池、虾沟彻底消毒，既能杀灭水中的敌害和病原生物，又能提高水的酸碱度，还能增加土壤的钙质。3～5天待药物毒性消失以后，水中施放充分腐熟的粪肥，培养浮游生物。

2. 虾苗放养

稻田养虾,水温稳定在 20℃ 以上时,放苗适宜。在早稻插秧前后,可先在虾池内培育淡化虾苗。大约养 20 天,虾苗长至体长 2 厘米左右,秧苗返青了,这时可逐渐增加虾池水位,使虾随水进入虾沟、田间生长。在有条件另池培育大规格虾苗的地方,最好直接在稻田放养标粗后的虾苗,能有效地提高虾的成活率和产量、品质。一般稻田放养淡化虾苗密度为每亩 3000~4000 尾,放养 2 厘米以上的虾苗密度为每亩 2000~2500 尾。可以根据稻田条件、放养季节、饵料丰歉度、养殖技术高低和养殖产量要求酌情增减。

3. 日常管理

(1) 投饵　稻田养虾的投饵技术与方法同池塘养殖相似。食物来源以投饵为主,摄食天然饵料为辅。虾苗培育阶段,饵料以蛋品、黄豆粉、鱼粉为主,体长达 2 厘米以上后,饲料以配合饲料为主,辅以各种碎鱼肉、蚯蚓、蚕蛹或其它小型水生动物。

(2) 水质管理　稻田养虾要特别注意稻田的水位变化。保持稻田有较深的水位,虾池、虾沟要随时灌满水,稻田中央也要保持水深 15 厘米左右。及时注入新水,更换田水,保持水质清新,溶氧充足,水色为淡黄绿色,避免虾缺氧浮头。

虾池、虾沟内适当种植凤眼莲等漂浮植物,还可以放置一些瓦片、竹筒等隐蔽物,既遮阴,又为虾提供隐蔽场所,避免敌害侵袭和相互残杀。

(3) 稻田施药和施肥　稻田的晒田、施药和施肥是不可避免的工作。要合理安排,采取有效措施,处理好种稻和养虾的关系。水稻晒田时,将虾集中在虾沟、虾池中,田面水排干,沟、池内水满。水稻感染病虫害需要施药时,尽量选择高效低毒的农药，最好是叶面施药。喷洒农药时，注意尽量将药喷洒在水稻的茎叶上，避免直接喷洒入水中。施药后，有必要尽快更换池水，降低药物浓度，避免虾中毒。稻田施肥，以基肥为主，追肥为辅，放虾前一次施足，后期根据水质情况少量追肥。肥料以有机肥为主，化肥为辅，少量或不用化肥追肥，避免虾受伤。

4. 收虾

经过4~5个月的养殖，稻田中的罗氏沼虾体重达20克左右时，便可收虾上市了。稻田捕虾，可缓慢放干田中的水，使虾集中到虾池和虾沟中，用密眼网顺沟起捕，将大部分虾捞出，最后排干虾池、虾沟的水，将全部虾捞出，网箱暂养后上市。

第四章

日本沼虾的养殖

日本沼虾（*Macrobrachium nipponense*），俗称青虾、河虾，是我国淡水中常见的种类。隶属于节肢动物门（Arthropoda）、甲壳纲（Crustacea）、十足目（Decapoda）、腹胚亚目（Pleocyemata）、真虾下目（Caridea）、长臂虾科（Palaemonidae）、沼虾属（*Macrobrachium*）。日本沼虾自然分布于日本、韩国、朝鲜、老挝、马来西亚、缅甸（缅甸大陆）、越南以及俄罗斯远东地区，逐渐扩散到新加坡、菲律宾、乌兹别克斯坦、伊拉克南部以及摩尔多瓦、哈萨克斯坦、伊朗等地。

日本沼虾喜欢生活在淡水湖泊、江河、水库、池塘、沟渠等水草丛生的缓流处，在冬季向深水处越冬，潜伏在洞穴、瓦块、石块、树枝或草丛中。日本沼虾味道鲜美，营养丰富，既可鲜食，又能制作各种虾制品，是深受欢迎的水产品。1958年我国水产工作者开始试养日本沼虾，但真正形成产业是在1990年以后。日本沼虾养殖投入少、成本低、见效快、效益好，一年可养两茬，还可与其它水产品混养，而且各种水域均可养殖，已成为淡水渔业新的增长点。

第一节 日本沼虾的生物学特性

一、形态特征

日本沼虾（图 4-1）属小型虾，体呈长圆筒形，成虾体长 5～8 厘米。体形粗短，身体由头胸部与腹部两部分组成，分 20 个体节（头部 5 节、胸部 8 节、腹部 7 节）。头胸部比较粗大，往后渐细。头胸甲前端中央有一剑状突起称为额角或额剑，额角上缘平直，末端尖锐。上缘有 11～15 个细齿，下缘有 2～4 个细齿。额角的形状与齿式是日本沼虾区别于其他虾类的重要形态特征之一。

头胸部有 13 节，共同外覆头胸甲，头胸甲两侧各具 2 刺，一为触角刺，一为肝刺。腹部七节，每一节覆盖一节甲片，腹部第二节侧甲的前后缘覆盖在第一腹甲和第三腹甲的侧甲上。除最后一个体节（尾节）外，每个体节都长有 1 对附肢。头部 5 对附肢，第一附肢、第二附肢分别为小触角、大触角，是重要的嗅觉和触觉器官，其余 3 对附肢为大颚、第一小颚、第二小颚。胸部 8 对附肢，前 3 对为颚足，与头部的大颚、第一小颚、第二小颚联合组成口器，用于摄食，后 5 对称为步足，用来爬行、捕食或防御敌害，其中第一步足、第二步足末端呈钳状，第二步足尤其强大有力，成体雄虾的第二步足的长度可达体长的 1.2～1.7 倍，是成虾雌、雄鉴别的最显著的特征之一。腹部 6 对附肢，前 5 对称为游泳足，是主要的游泳器官，也能辅助爬行，最后一对附肢称为尾肢，向后延伸和尾节组成扇尾，如同船舵，控制虾在水中的升降、进退与平衡。

日本沼虾体色呈青灰色并有棕色斑纹，故称"青虾"。体色常随栖息环境而变化,湖泊、水库、江河水色清、透明度大,虾色较浅,呈半透明状,池沼水质肥沃,透明度小,虾色深,并常有藻类附生于甲壳上。

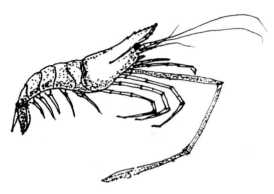

图 4-1　日本沼虾

二、生活习性

1. 栖息习性

(1) 栖息　日本沼虾在从淡水到低盐度的河流都能生存。喜欢生活在淡水湖泊、江河、水库、池塘、沟渠等水草丛生的缓流处,夜晚活动觅食。春季水温低,经常活动在浅水区,夏季水温高,就转移到深水水域活动,在冬季向深水处越冬,潜伏在洞穴、瓦块、石块、树枝或草丛中,活动力差,不吃食物。生长季节,在有水草的水域,日本沼虾通常活动在 1~2 米水深处,在无水草、水质较肥的水域,日本沼虾大部分在水深 1 米以内的水层中活动。在无水草、水质较肥的池塘,日本沼虾主要分布在池塘近岸浅水处,而池中央很少。晴天近岸处出现的概率比阴天更高。但是,在水草丛生的池塘,池塘中央日本沼虾平均出现概率可达 51.4%,是无水草池的 15 倍左右,与池边出现的概率(48.6%)相比已无明显区别。

日本沼虾喜欢泥底,尤其喜欢在水草丛生的泥底栖息。不同底质条件日本沼虾栖息试验表明,底部具有10~20厘米淤泥,水草空间占整个面积1/4的环境,日本沼虾最喜欢栖息。

(2)适温 日本沼虾是广温性动物,生长的适宜水温为18~30℃,最适水温为25~30℃。水温10℃以上开始摄食,随着水温升高,摄食能力逐渐增强,当水温高于30℃时,因溶氧不足,呼吸频率升高,容易造成停食及浮头。一般水温8℃以下,日本沼虾进入越冬期,不摄食,生长停滞。

(3)水质 日本沼虾喜欢清新水质,对水中溶氧要求较高,溶氧保持在5毫克/升以上,若溶氧低于2.5毫克/升,日本沼虾停止摄食,溶氧在1毫克/升,则容易缺氧浮头而死亡。

(4)光照 日本沼虾幼体具有趋光性,营浮游生活;发育为幼虾后就有较强的负趋光性,营底栖生活,怕光线直射。白天潜伏在阴暗处,夜间出来活动觅食。在人工饲养条件下白天投喂时,也会出来摄食,但数量比夜间少得多。在生殖季节,为寻找配偶,日本沼虾白天也出来活动。生产中常常利用幼体的趋光性,用灯光诱幼体集中,然后捕获。

2. 食性

日本沼虾是杂食性动物,不同的发育阶段,食物组成不同。刚孵出的溞状幼体(Ⅰ期)至第一次蜕皮间,以自身的残留卵黄为营养;第一次蜕皮后,开始摄食浮游植物及枝角类、无节幼体、轮虫等小型浮游动物。变态为幼虾后,栖息习性由浮游生活转变为底栖生活,食性逐渐变为杂食性,主要以水生昆虫幼体、小型甲壳类、动物尸体以及有机碎屑、幼嫩水生植物碎片等为食。到了成虾阶段食性更杂,所食动物性饵料有小鱼、小虾、软体动物、蚯蚓、水生昆虫等动物尸体,所食植物性饵料有水生植物、着生藻类、豆类及谷物等。

在人工养殖条件下,日本沼虾对各种鱼、虾饲料均喜食,常用动物性饲料有鱼、蚌、螺、蚯蚓、蚕蛹、蝇蛆、昆虫、肉类食物加工下脚料等,尤其喜食蚯蚓,常用的植物性饲料有豆饼、花生饼、菜籽饼、米糠、麸皮、豆渣等。饥饿时,出现同类残杀现象,以刚蜕皮的嫩虾为食物。

日本沼虾的摄食强度随季节、水温、天气及不同的发育阶段有所不同。主要取决于水温,水温超过10℃开始摄食,14℃以上大量摄食,长江流域4~11月日本沼虾摄食强度最大,12月份至翌年3月水温低于10℃,日本沼虾进入越冬阶段,很少摄食。一般繁殖前是成熟沼虾摄食最旺盛的时间,它们要摄食大量营养物质,促进性腺发育。6~7月份,日本沼虾进入产卵盛期,性腺成熟的日本沼虾摄食明显减少,特别是雌成虾在产卵前需进行蜕壳,蜕壳前后的日本沼虾在一定时间内停止摄食。8~11月份,日本沼虾摄食强度又形成了另一个高峰,这是由于当年繁育的虾处在生长育肥阶段,需摄食大量营养物质。

3. 蜕壳与生长

日本沼虾一生的发育生长可分为四个阶段,即胚胎发育阶段、溞状幼体阶段、仔虾阶段和成虾阶段。从受精卵孵化到第Ⅰ期溞状幼体的出膜,这一胚胎阶段一般为20~25天。第Ⅰ期溞状幼体经过9次左右的蜕皮,变态为仔虾,需20~30天,这一阶段为溞状幼体阶段。变态结束的仔虾通常每隔7~11天蜕一次皮,经过30天左右的生长,至性成熟以前称为仔虾阶段。从日本沼虾性成熟繁殖后代至自然老死称为成虾阶段,成虾期一般15~20天蜕壳一次。

日本沼虾生长速度较快,有"四十五天赶母"之说。6月份变态结束的仔虾,经40天左右的饲养,体长可达到2.5厘米,到10月份,雄虾体长达到4~5厘米,体重2~3克,饲养至年底，雄虾体长7厘米左右，体重8~9克，雌虾体长达5~6厘米，体重6~7克。

日本沼虾个体生长的不同阶段，雌、雄生长速度存在差异。一般体长在2.5厘米以内时，其性腺还未成熟，雌、雄的生长速度基本一致。性成熟后，雌虾摄取的营养大部分用于卵巢发育，因此，其生长速度明显下降，而雄虾性腺发育不像雌虾那样需要消耗大量的营养物质，雄虾交配后就可摄食生长，所以，雄虾的生长速度在性腺成熟后比雌虾快得多，这也是在自然界中同龄个体雌虾小、雄虾大的原因。

日本沼虾体表覆盖半透明的甲壳质外骨骼，其化学成分为钙盐蛋白质和甲壳质，十分坚硬。甲壳不能随虾的生长而增长，因此，躯体要长大，必须脱去旧的外壳。脱壳还与变态、附肢再生、产卵繁殖等有直接关系。

据此，日本沼虾的蜕壳分为变态蜕壳、生长蜕壳、再生蜕壳和生殖蜕壳。①变态蜕壳，从溞状幼体到仔虾，每次蜕壳后身体的形态结构都会发生变化，因此称为变态发育；②生长蜕壳，从仔虾到成虾阶段所发生的蜕壳，每蜕壳一次，日本沼虾就生长一次，体长明显增加；③再生蜕壳，受损附肢的再生需经蜕壳来实现，体重不会有多大增加；④生殖蜕壳，也叫交配蜕壳，只发生在雌虾中，雌虾在交配前一定要蜕壳一次，蜕壳的原因是雌虾蜕壳后，腹肢基部出现着刚毛，为产卵做准备。生殖蜕壳不会引起体重的变化。有趣的是雌虾在生长蜕壳时没有雄虾守护，只有在生殖蜕壳时才会有雄虾守候、保护。

蜕壳时，日本沼虾首先静趴在水底安静角落或附着在异物上，然后躯体不断屈伸，尾扇往往张开成扇形，以便使头胸甲与第一腹节之间的薄膜拉长，并经常用第一步足向后弯曲，清除体表及附肢上的污物。经过反复地弯曲身体，头胸甲与第一腹甲连接处薄膜裂开，虾体随之侧卧、弯曲，推动新体从裂缝中滑出,当身体的大部分脱出旧壳时,整个身体便急剧弹跳出来。离开旧壳后,虾体侧卧、柔嫩无力,称软壳虾。软壳虾生命力很弱,很容易遭到外界敌害的攻击。日本沼虾的蜕壳频率以及每次蜕壳躯体增幅的大小,与虾的年龄、环境温度、营养状况和水质条件等密切相关,蜕壳的生理机制,主要受神经内分泌控制。

日本沼虾的蜕壳昼夜皆可进行,但以黄昏和黎明前较为多见,蜕壳前不摄食,蜕壳后其颚齿尚不坚硬,一天内不摄食。一生中雄虾的蜕壳次数要比雌虾少。蜕壳后其躯体柔嫩,御敌力差,易被肉食性水生动物及同伴蚕食,给其生命安全带来一定的威胁。因此,在人工养殖条件下,为防止此类情况,投喂充足的饵料和池中设置隐蔽物,可以有效提高虾的成活率。

三、繁殖习性

1. 雌性鉴别

① 成年雄性个体较同龄雌性个体体型大;

② 成年雄虾的第二步足强大,长度可为体长的 1.2～1.7 倍,雌性第二步足长度与其体长相等或略短;

③ 雄性生殖孔位于第五对步足基部内侧,雌性生殖孔则在第三对步足基部内侧;

④ 雄性第四步足与第五步足基部间距狭窄,雌性间距较宽,呈"八"字形;

⑤ 雄性第二对腹肢的内肢具雄性附肢,雌性无。

2. 交配与产卵

日本沼虾生长快,性成熟早。当年 5～6 月份孵出的虾苗,七八月份体长就可达到 3 厘米左右,性腺也已成熟。有记载的性成熟抱卵的最小个体,体长仅为 2.4 厘米。日本沼虾的性腺

第四章 日本沼虾的养殖

位于头胸部心脏与消化腺之间，精巢白色带微黄，表面多皱，前部成对，分左右二叶，后部合并成单叶。精巢两侧连接长而迂曲的输精管，末端膨大，最终开口于雄虾第五步足基部内侧。精子呈图钉形，在输精管或精荚内均不活动。成熟精子经过输精管时，被输精管分泌的黏液包住形成精荚，精荚为乳白色半透明胶状体。卵巢呈椭圆形，前端略尖，后端圆钝，前部成对，后部合二为一。成熟的卵巢呈暗黄绿色，表面光滑，可辨卵粒。卵巢两侧各连接一短而直的输卵管，末端开口于雌虾第三对步足基部的内侧。

日本沼虾的产卵期因其分布区域不同而各异，长江流域日本沼虾产卵期为4月中旬至9月中旬，珠江流域为3月初至12月初，华北地区为6～9月份。日本沼虾产卵的水温为18℃以上，最适水温为22～28℃。

性成熟的雌性日本沼虾在交配前必须进行生殖蜕壳，守护在一旁的雄虾趁雌虾新壳柔软、活动力弱时，进行拥抱交配。日本沼虾没有像对虾那样的封闭式纳精囊，因此每次交配必须在临近产卵前。雌虾每产卵一次就需交配一次。交配时，雄虾抱住雌虾，身体的腹面与雌虾的腹面相贴，侧卧于水底或水草上，雄虾不时用步足抚摸雌虾虾体的各部。随后，雄虾将精荚射出，黏附在雌虾第四步足、第五步足基部。日本沼虾拥抱时间一般为5～15秒，腹部紧贴时仅1～3秒即告结束。

交配后，水温20～25℃时，雌虾通常在7～28小时内产卵，产卵时间大多在黎明前，卵巢内所有的成熟卵一次产出。日本沼虾产卵时，第一腹节、第三腹节每隔20～30秒伸屈一次，肌肉有明显的阵缩活动，卵巢不断收缩，虾体每弯曲一次，卵粒即从生殖孔产出，通过精荚时，精荚胶状团块溶解，释放精子受精。受精卵被前两对腹肢上的刚毛移向抱卵室，首先在第四对腹肢的着卵刚毛上黏着，然后按顺序在第三对腹肢、第二对腹肢、第一对腹肢上黏着。卵子被一层薄而有弹性的胶膜包裹着,受精卵之间由细丝串联成葡萄状。产出0.5～1小时后,黏着便很牢固,不易分离。没有受精的卵子一般经过2～3天后自行脱落。整个产卵过程需5～30分钟。

日本沼虾属分期多次产卵的类型。一年中,有两个产卵高峰期,即春季高峰期和秋季高峰期,春季高峰期由越冬虾产卵,秋季高峰期主要由当年成熟的虾产卵。越冬后的老龄虾在产卵期可连续产卵2次,第一批卵孵化结束2～5天,雌虾性腺就再次成熟,再次蜕壳、交配、产卵。当年第1代幼虾有部分可在当年八九月性成熟并产卵,当年虾繁殖出的第2代幼虾当年不会产卵。

日本沼虾生命期较短,一般为14～18个月,经过越冬的日本沼虾,一般7月上旬开始死亡,8月份成批死亡,10月就极少有越冬老虾了。雄虾的寿命比雌虾短。

3. 胚胎发育

日本沼虾的卵是中黄卵,卵黄很多。刚产出的卵粒呈椭圆形,浅黄色,卵径(0.55～0.57)毫米×(0.65～0.68)毫米,30～60分钟后卵粒吸水,饱满晶亮,颜色变深。随胚胎发育时间逐渐变淡,最后破膜前除淡黄色卵块和深褐色复眼外,其余部分几乎透明。未受精的卵,卵径较小,饱满性差,透明度差,大小不均,内容浑浊,黏附力差。

受精卵经卵裂,依次度过囊胚期、原肠期、前无节幼体期和无节幼体期等发育时期后破膜而出,成为溞状幼体Ⅰ期。整个孵化过程需20～25天,时间长短主要取决于水温。

日本沼虾受精卵成团被抱在雌虾腹部孵化,位置不同,水体交换和得到的氧气状况不同,因此胚胎发育速度也不完全一样。往往形成由外向内分批次孵化的现象,先产出的卵被推向内面而后孵出,而后产出的卵附在表面却先孵出。

4. 幼体发育

日本沼虾的幼体发育同罗氏沼虾，为变态发育，可划分为九期溞状幼体和后期幼体（仔虾）。溞状幼体期，营浮游生活，具有较强的趋光性。后期幼体转化为营底栖生活，变为负趋光性，食性转杂。

第二节　日本沼虾的人工育苗

日本沼虾的人工育苗指对经过人工挑选的亲虾进行强化饲养管理，促其性腺发育成熟，抱卵、孵化，然后对虾苗进行培育，使其达到稚虾阶段，符合人工养殖要求的过程。

一、亲虾的采捕、选留、运输和蓄养

用于人工繁殖的亲虾，可以是从天然水域捕捞的日本沼虾，最好是湖泊中的抱卵虾或性腺发育成熟的雌雄虾，也可以从人工养殖的池塘中挑选。亲虾选留标准是个体大，体色纯正，肥满健壮，体表光洁，附肢齐全，无病无伤无残，活泼健康，性腺宽大饱满，发育成熟或抱卵量大。雌虾体长4厘米以上，雄虾规格更大一些。雌雄比例要达到（4∶1）～（5∶1）。亲虾选留的数量要根据生产虾苗的数量和技术水平来确定。一般每千克抱卵虾可培育出20万尾虾苗。

亲虾运输采用双层尼龙袋充氧包装运输。运输前，亲虾要暂养24小时，其间不喂食，使其空腹。尼龙袋容积25升，注水1/3，将亲虾计数入袋，充气后扎紧袋口，装入泡沫箱或纸箱，低温运输。尼龙袋装虾量根据水温高低和运输时间长短而定，控制在每袋40～80尾。

选好的亲虾要专塘蓄养。亲虾池面积1～3亩，水深1米

左右。亲虾放养前进行严格的清池消毒,进水口要用密眼网封拦好,防止野杂鱼以及其它敌害进入。一般每亩水面可蓄养5~10千克亲虾。亲虾入池后,要加强投喂管理,每隔2天投喂1次精料,使日本沼虾大量积累营养物质,促使性腺发育,提早排卵,为人工繁殖打好基础。

二、产卵与孵化

日本沼虾产卵和孵化可在池塘网箱内进行,也可在室内小水泥池内进行。虾苗在同一箱中培养。培育网箱材料选用聚乙烯网布,网目60目,在箱底与箱上口内各镶装一根规格为3×15的聚乙烯绳,箱呈长方体,规格10米×6.67米×1.7米。安装成敞口浮动式,使网箱有0.3米露出水面做防逃网,箱内放2~3米^{2}水草。放入孵化用木架水箱网1~2只,孵化箱规格为(1~2)米×1米×0.5米,网目8目。孵化箱四角分别系挂砖头一块,使箱上沿漏出水面5厘米。

3月初对越冬亲虾开始投饵。投饵随水温的逐渐升高而增多。4月初,日投饵量增加到占亲虾质量的4%~5%。让日本沼虾在越冬池(箱)中育肥、交配、产卵。每只孵化网箱放抱卵雌虾700~1000只,水温25℃时,在孵化箱中约需20天孵化出溞状幼体。雌虾在孵化期间,经常扇动腹肢,使卵周围水流动,为卵提供充足的溶解氧。孵化12天后,卵由初期的橘黄色变成淡黄色,并生成1个灰色的斑点,以后卵逐渐变成青灰色,这时透过卵膜可见2个大而黑的眼点,表明幼体即将孵出。幼体出膜时间需1小时,整窝卵孵出需4~6小时。此时,可将孵化箱连同孵化后的雌虾拿出培育箱,而仔虾则留在培育箱中继续培育。

产卵和孵化也可在产卵池中进行。产卵池面积1~3亩,水深1米左右，要求池坡无杂草，通风条件好，池底平坦，排水方便，并预先做好虾池清整和药物消毒工作。

孵化期间，保持水质清新，无污染，溶氧充足。水源充足的池塘，最好保持微流水。

三、苗种育成

1. 育苗用水和环境条件

育苗用水可以是河水、湖水、水库水、池塘水、井水、低盐度海水或人工配制的咸淡水等。虞如冰的试验表明，培育用水需要有一定盐度，不低于0.2%，最好0.6%～0.8%，有利于提高日本沼虾的育苗成活率。地表水需经过滤、调盐度后入池，地下水需充分增氧、曝气、升温、调盐度后再用。

育苗期间要求周围环境安静，尽量减少人来车往。水质要求清新无污染，水源充足，水温稳定在26℃以上，溶氧含量5毫克/升以上，pH7.2～8.0，光照1000～3000勒克斯，氨氮含量小于0.2毫克/升。

2. 幼体饵料

日本沼虾幼体培育的饵料主要包括单细胞藻类、轮虫、丰年虫或卤虫的无节幼体等天然动植物饵料，以及人工制作的豆浆、煮熟的蛋黄碎、蛋羹等。

3. 幼体培育

日本沼虾的苗种培育方式多种多样，常见的有池塘培育（土池培育和池塘网箱培育）、流水槽培育和水泥池培育等。池塘培育是目前主要的培育方式，具有成本低、规模大、技术成熟等优点。

（1）池塘培育　池塘培育分为土池培育和池塘网箱培育两

种方式。幼苗培育应选择长方形、东西走向、采光好、池埂坚固、靠近水源、水源充足的池塘，面积2～4亩，池坡坡比1∶(2.5～3)，池深1.5米左右，能保水0.8～1米。土池直接养殖的，还要在池塘中央挖一条宽1米、深0.3～0.4米的集虾沟，用于干池捕捞虾种。育苗前，先干池暴晒池底，加固岸坡，疏通进排水口，安装栏栅和拦鱼网。然后进水10厘米左右，用生石灰全面消毒。待毒性消失后，在池内种植光果黑藻，设置人工虾巢。最后用80目的筛绢过滤进水。再在池塘内设置网箱。土池直接培育的只设孵化网箱，网箱规格及设置方法见"产卵与孵化"。用池塘网箱培育的，要同时设培育网箱和孵化箱，网箱规格和设置方法见"产卵与孵化"。最后的准备工作是施肥培育浮游生物等天然饵料，使池水呈嫩黄绿色，透明度35厘米左右。

网箱培育虾苗，当幼体孵出后，将产完卵的雌虾连同孵化箱搬离池塘，幼虾会由孵化箱较大的网目中进入培育箱。投饵应从这天开始，每天将0.5～1千克黄豆，水浸后磨成浆汁，去除豆渣，上午、下午各投喂1次，泼于培育箱中。当幼虾长到2厘米左右时，在泼豆浆的同时要增投少量细麦粉、菜籽饼、鱼糜等。培育水采用微流水，水质要肥爽，透明度控制在35厘米左右，水太瘦时要适时适量用有机肥追肥。经25天的培育，幼虾可达放养规格。

土池培育虾苗，池塘中只设孵化箱，孵出的幼体会由孵化箱直接进入池塘。当然，虾苗也可在其他地方孵化，再放养入池塘。放养时，应在晴天无风或微风的上午，光线较好时，用80目网箱将幼体捞出，移入池塘。放养密度为40万～60万尾/亩。若幼体下池后天然饵料不足，除抓紧培养好水质外，每天还必须投喂部分细豆浆。经1个多月培养，体长达1.5～2厘米时，即可起捕分塘，进行成虾养殖。

无论哪种方式,培育水都需要一定盐度(不低于0.2%),最好采用微流水,水质要肥爽,透明度控制在35厘米左右,水太瘦时要适时适量用有机肥追肥。

(2)流水槽培育 流水槽培育是小水体、高密度的培养方式。宜选择容积$0.2 \sim 0.3$米^{3}的小水槽,培育密度为200尾/升以上。育苗用水用去氯后的自来水和天然海水调制而成,盐度为0.6%~0.8%。使用前要通过生物滤池过滤才能进入育苗水槽。育苗前,水槽要彻底消毒,再用育苗用水冲洗干净,注满配好的低盐度海水备用。

将选好的抱卵虾经过暂养后,放入水槽孵卵。当溞状幼体孵出后,第二天开始投喂卤虫的无节幼体。当幼体变态至第Ⅴ期后,可投喂加入鱼糜做成的蛋羹等人工饵料。少喂勤投,每天5~6次,投喂量视水质变化而定。

育苗期,保持微流水。前期水流速度稍慢,随着幼体的生长,水流的速度逐渐加快。流水槽培育密度大、投饵多、易污染,所以要定时排污,添加新水。平时多巡视多观察,仔细认真,及时发现异常状况,及时处理。培育进入后期,幼体即将变态为仔虾前,及时在水中悬挂网片,供仔虾附着。

水温29℃左右时,需18~19天,幼体可完全变态为仔虾。在水槽中再继续培育6~7天就可以转入室外土池进行成虾养成了。不过,在出池前,还有一项重要的工作——淡化。

淡化的方法是:将育苗池水排出一部分,然后加入淡水到原水位,再反复进行,直到池水全部变为淡水。也可以池子一端缓慢排水,另一端缓慢加入淡水,进水、排水速度要一致,直到池水全部变为淡水。整个淡化过程在6~10小时内完成,然后在淡水中暂养1~2天,便可出池。

(3)水泥池培育 通常采用水泥池和网箱配套育苗,即在水泥池中设置大网目网箱,抱卵虾在箱内孵化幼体,孵出的幼体穿过网目进入水泥池,开始池中培育。

水泥池最好是室内水泥池,室外的也行,但恶劣天气管理不便。为了管理方便,水泥池不宜太大。深要在1米以上,水深能达0.8米。培育前要先清洗消毒水泥池,注水备用。池内设置孵化箱,设置的数量依据水泥池大小和网箱规格而定,但不宜太密,方便管理。网箱大小以1米×1米×(0.6~0.8)米为宜,网目大小以溞状幼体Ⅰ期个体能穿过为度。网箱设为敞口浮式网箱,上口高出水面30厘米。每个网箱放抱卵虾100~200尾。

当溞状幼体孵出后,穿过网目进入水泥池,这时可将雌虾和网箱移出水泥池。第二天开始投喂卤虫的无节幼体。当幼体变态至第Ⅴ期后,可投喂加入鱼糜做成的蛋羹等人工饵料。少喂勤投,每天3~4次,投喂量视水质变化而定。育苗期管理同流水槽培育。

如需培育大规格苗种,可用室内水泥池和室外土池结合的方式。在室内水泥池培育成仔虾,用光诱捕捞出,移至室外土池继续培养,放养密度为40万~60万尾/亩。长到体长2厘米左右时,再起捕分塘,进行成虾养殖。室外土池在育苗前需清整消毒,过滤进水,施肥肥水,移植水生植物,设置虾巢备用。

第三节 日本沼虾的成虾养殖

目前,日本沼虾的养殖方式主要有池塘养殖和稻田养殖两种。稻田养殖可参考罗氏沼虾的稻田养殖。

一、虾池选择和清整

日本沼虾成虾养殖以面积2000~3500米^2，能保水1~1.5米的池塘为宜。要求长方形，东西走向，泥沙底，有少量淤泥，但不宜过多；靠近水源，水量充足，无污染；有独立的进排水口，排灌水方便；塘周围有一定的遮阴物体，避免阳光直射。

进苗前，池塘排干池水，清理塘内杂物，挖出过多淤泥，充分暴晒底泥。在塘底距塘边2~3米处开挖宽0.6米、深0.4米的回形沟。加固堤埂，疏通进排水口，在进排水口外侧安装栏栅，以阻挡杂物进入，在进排水口内侧安装拦鱼网，阻止虾外逃和杂鱼敌害进入。当底泥颜色变为黄褐色时，注入经筛绢过滤的清洁用水10厘米，然后用生石灰彻底消毒。方法和用量按常规养鱼。待药物毒性消失后，注水至50厘米，在池内塘底距边1/3处栽种一圈沉水植物如光果黑藻等，株距8米，每株10~15支，株高露出水面，以利接受阳光早发快生，为日本沼虾提供栖息隐蔽环境。植物所占面积不超过水面的1/4，太多易使水体清瘦，植物死亡腐烂后还会败坏水质。

二、放养

日本沼虾栖息于水底，活动能力不强，为了充分利用池塘水域，增加池塘的产出和经济效益，往往采用鱼虾混养、鱼虾贝混养的方式。混养的鱼类不能对日本沼虾造成危害，鲢就是最好的选择。

养殖方式有全年养殖和一年两茬养殖两种。全年养殖的5~6月份设好孵化箱，放入抱卵虾孵幼，或放入性腺发育良好的雌雄虾，使其在箱中产卵孵化。抱卵虾或雌虾放入量为每亩500~800只，雄虾300~500只。孵化出的溞状幼体直接穿过网目进入池塘，保证虾苗密度不超过每亩5万尾，多的苗种分到其他池塘，养至年底或翌年3～4月；也可以放入另池培育的苗种。在养殖期间，当虾长至2厘米左右时，可适量放入尾重0.1千克以上的鲢种，一起养殖。一年两茬养殖的，2～3月份放入前一年孵化的虾苗，养到7月份起捕上市，清塘消毒后再放入当年培育的虾苗，养殖到年底上市。

三、投饲与施肥

为保证日本沼虾有充足的天然饵料，虾池水质要求既肥又爽，有一定的透明度。因此虾池施肥必不可少。原则为"基肥为主，追肥为辅，一次施足，适时追肥"。肥料以有机粪肥为好，主要是充分腐熟的猪粪、鸡粪，最好不施纯无机肥，纯无机肥容易引发蓝藻增生，使池塘缺氧。

日本沼虾是杂食性动物，必须动物性饵料和植物性饵料相结合。植物性饵料包括糠麸、黄豆粉、玉米粉等，动物性饵料包括鱼糜、蚌肉、蚯蚓、蚕蛹等。有条件的地方，最好以配合饲料为主、天然饵料为辅。

放养初期，每亩每天可用黄豆粉1.5千克，用水调成糊状投喂，每天酌量增加。当虾长至体长1.5厘米以上时，可换成配合饲料为主或其他适合日本沼虾食性的饲料。日本沼虾晚上活动觅食强度大，因此投喂时，每天两次，早8时，下午5～6时，以傍晚为主，投食量占日投食量的2/3。日投食量占日本沼虾总体重的3%～4%，视天气情况、水质情况、日本沼虾的摄食情况增减。投放饲料要先破碎或制成2毫米直径的颗粒饲料。

四、日常管理

平时多巡塘观察，检查堤坡、池岸、进排水设施、鱼虾的活动情况，发现异常，及时处理。定期注入新水，严防浮头，一般隔天加新水一次。保持水色"肥活嫩爽"，溶氧 3 毫克/升以上，透明度 30 厘米以上。巡塘时尤其早晨巡塘，注意观察虾的情况，一旦发现虾爬岸，立即加注新水或打开增氧机。若水体过瘦，适时追肥。适时捞出过多或死亡的水草。每天检查栏栅和拦鱼网，防止杂鱼、敌害进入和虾逃逸。想办法捕杀池中水蛇、水老鼠等敌害，尽量驱离水鸟等。

五、收获

在饲料充足、水温适宜的情况下，日本沼虾养殖 3 个月左右、体长达 3 厘米以上就可起捕上市了。日本沼虾寿命只有 14～15 个月，5～6 月份孵化的虾苗，到翌年 7 月份就会陆续死亡，因此必须在这一生命期限内收获。

池塘起捕，如果是养殖期间，可在塘内放虾笼，内放花生饼或蚯蚓诱捕，大规格的上市，虾的继续养殖，捕大留小。年底捕捞，用干池法。排干池水，使虾集中到回形沟内捕获。

第五章

克氏原螯虾的养殖

遍布世界各地的淡水螯虾有着100多年的养殖历史。澳大利亚是淡水螯虾的主要产地,我国则是目前世界淡水螯虾产量最大的国家。我国的螯虾养殖,始于克氏原螯虾养殖,20世纪30年代由日本传入。20世纪90年代以后,淡水克氏原螯虾养殖逐步在全国发展起来。因其肉味鲜美,广受人们欢迎。2022年我国克氏原螯虾养殖面积和产量分别达2800万亩、289.07万吨。20世纪90年代后我国又从澳大利亚引进了四脊滑螯虾、麦龙虾等进行养殖。目前,只有克氏原螯虾养殖红红火火,其它虾的养殖未形成规模。

克氏原螯虾的自然分布范围很广,原产美洲,从墨西哥北部到佛罗里达州,北到伊利诺伊州的南部和俄亥俄州,在美国各地广泛存在。该物种也已被引入欧洲、非洲、东亚、南美和中美洲。杂食性、生长快、适应能力强、敌害生物少而在当地生态环境中很容易形成绝对的竞争优势。在商业养殖过程中应严防逃逸,尤其是严防逃入自然水域,对当地物种形成破坏性危害。

第五章 克氏原螯虾的养殖

第一节 克氏原螯虾的生物学特性

一、形态特征

克氏原螯虾（*Procambarus clarkii*），俗称红螯虾、淡水小龙虾、红色沼泽螯虾、红色沼泽小龙虾，隶属于节肢动物门（Arthropoda）甲壳纲（Crustacea）十足目（Decapoda）腹胚亚目（Pleocyemata）螯虾下目（Astacidea）螯虾总科（Astacura）螯虾科（Astacidae）原螯虾属（*Procambarus*）。

该虾身体适中，结实粗壮，甲壳坚硬。成体长5.6～11.9厘米，颜色有红色、红棕色、粉红色等。身体分头胸部和腹部，头胸部特别粗大，几乎占身体长度的一半，呈圆筒状，稍扁，头胸甲坚厚，侧缘也不与胸部腹甲和胸肢基部愈合。颈沟明显。额角短小，三角状。步足全为单枝型，前3对螯状，其中第1对特别强大、坚厚，是进攻和防御的重要武器，称大螯，故此虾又称螯虾。雄性的螯比雌性的更发达，可作为雌雄鉴别的特征之一。其余两对步足简单、呈爪状。腹部较短，背部稍平扁。腹部每节外覆盖一节瓦状腹甲。

身体分20节，头部5节，胸部8节，腹部7节。除最后一节外，其它每节均有一对附肢。雄性腹部第一对、第二对腹肢特化为交接器，雌性第一对腹肢为单肢型，这也是雌雄鉴别的特征之一。

二、生活习性

1. 栖息习性

克氏原螯虾（图5-1）生存适应性极强，可生活于江河、湖泊、水库、溪流、沼泽、湿地、灌溉渠道、沟渠、池塘、稻田等各种水域。常攀援在水草、石块、树枝和其他水底固体上。经常与植物或木质碎屑混交在一起，会破坏和削弱堤岸。在洪水退去的地区，可以在洞穴发现该虾。该虾营底栖爬行生活，以步足行动，不善游泳，遇到惊吓即弹跳躲避。同性之间好斗。

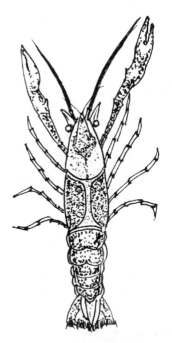

图 5-1　克氏原螯虾

该虾适应性极强，能够忍受包括低氧水平和高温在内的一系列环境条件。在水温为 10～30℃ 时均可正常生长发育。既能耐高温严寒，可耐受 40℃ 以上的高温，也可在气温为 －14℃ 以下的情况下生存。其生长迅速，在适宜的温度和充足的饵料供应情况下，经 2 个多月的养殖，即可达到性成熟，并达到商品虾规格,一般雄虾生长快于雌虾,规格也较雌虾大。克氏原螯虾一般寿命为4~5年。

该虾繁殖季节喜掘穴,白天多潜伏洞中,夜晚出来觅食、蜕壳和交配。在夏季的夜晚或暴雨过后,它有攀爬上岸的习惯,可越过堤坝,进入其它水体。

2. 食性

克氏原螯虾属于杂食动物,比较喜欢吃河底泥,并且喜欢吃死亡的小鱼虾尸体或者其它水中生物。主要食物包括浮游生物、水生植物类、陆生植物嫩的茎叶、小鱼、小型甲壳类、软体动物、水生昆虫幼体、豆类、谷物和水体有机碎屑等。食物缺乏时,也会同类相残。

不同发育时期,食性不同。其受精卵刚孵化出的幼体称糠虾幼体,其Ⅰ期幼体营养主要来自卵黄囊。第一次蜕皮后,开始摄食浮游植物和小型浮游动物如枝角类幼体、轮虫等,经4至5次蜕皮后,能够摄食小型浮游动物如枝角类、桡足类、丰年虫和卤虫的无节幼体等。完成变态发育转化为幼虾后,食性转杂。

克氏原螯虾机体内含有丰富的虾青素。虾青素能有效增强克氏原螯虾抵抗恶劣环境的能力以及繁殖能力,产生超强抗氧化能力,是其顽强生命力的强有力保障。体内虾青素含量越高,其抵御外界恶劣环境的能力就越强。因其自身无法产生虾青素,主要是通过食用微藻类获得虾青素,在缺少含有虾青素的微藻的环境中克氏原螯虾难以生存。这也给人们带来一种认知上的错觉:克氏原螯虾必须生活在肮脏的环境中。

3. 蜕壳与生长

克氏原螯虾生长快、个体大。由于体外被有厚厚的甲壳,因此其生长也必须经历一次次的蜕壳。刚刚由受精卵孵化出的幼体称糠虾幼体,糠虾幼体Ⅰ期、Ⅱ期仍依附在母体的附肢上,经几次蜕壳才离开母体独立生活,整个变态发育须经十几次蜕壳才能变为幼虾。幼虾一般再经过十几次蜕壳即可达到性成熟。性成熟个体可以继续蜕壳生长。

同罗氏沼虾一样,螯虾的蜕壳也分为变态蜕壳、生长蜕壳、生殖蜕壳和再生蜕壳。其蜕壳的先兆是甲壳颜色变得暗无光泽,胸部边缘和螯足基部的膜变柔软。蜕壳前,螯虾先寻找隐蔽物,如水草丛中或植物叶片下。蜕皮时螯虾身体侧卧弯曲,胸腹接合部产生裂缝,身体不断伸展弯折,从裂缝一点一点蜕出,整个过程持续5~20分钟。蜕皮后的螯虾身体柔弱,极易受到伤害。之后躯体迅速大量吸收水分,增加体长和体重。蜕壳后最大体重增加量可达95%。

4. 繁殖习性

(1) 雌雄鉴别　克氏原螯虾的雌雄鉴别非常容易。一般同龄虾雌、雄螯足差别明显,雄性螯足粗大,螯足两端外侧有一明亮的红色疣状突起,而雌虾螯足比较小,疣状突起不明显;从腹部游泳肢形状区分,雄虾腹部第一对、第二对游泳肢特化为交接器,而雌虾第一对游泳肢为单肢型。

(2) 性腺发育　克氏原螯虾的卵巢发育持续时间较长,通常在交配以后,视水温不同,卵巢需再发育2~5个月方可成熟。在生产上,可从头胸甲与腹部的连接处进行观察,根据卵巢的颜色判断性腺成熟程度,把卵巢发育分为苍白、黄色、橙色、棕色(茶色)和深棕色(豆沙色)等阶段。其中苍白色是未成熟卵巢,细小,需数月方可达到成熟;橙色是基本成熟的卵巢,交配后需3个月左右可以排卵;茶色和深棕色是成熟的卵巢,是选育亲虾的理想类型。精巢较小,自然环境下成熟较卵巢早数个月。在养殖池塘中,一般精巢、卵巢同步成熟。在美国各主要的螯虾生产区域,一般采用逐步排干池水的方法,来刺激螯虾的性腺成熟，促进亲虾交配产卵。

(3) 交配产卵　克氏原螯虾几乎可常年交配。自然条件下，由于雌雄性腺发育不同步，雄性先成熟，因此交配一般会在秋季，而雌虾产卵会在翌年春夏之交。适宜交配水温范围较大，从15℃到31℃均可进行。刚蜕完壳的软壳雌虾和硬壳雄虾之间交配。此时雌虾背部靠近水底，雄虾用螯肢紧紧抱住雌虾，同时用交接器将精荚输送到雌虾腹面，黏在凹陷的腹甲上，交配持续15～60分钟。雌虾在交配以后，便陆续掘穴进洞。精子在雌虾腹部贮存2～8个月，至第二年春、夏季，雌虾性腺和卵成熟以后，雌虾在洞穴内完成排卵、受精和幼体发育的过程。

(4) 孵化和幼体发育　克氏原螯虾的受精卵为圆球形，卵径1.5～2.5毫米，酱紫色，黏附于雌虾腹部游泳肢的刚毛上，抱卵虾经常将腹部贴近洞内积水，以保持卵处于湿润状态。克氏原螯虾的怀卵量较小，根据规格不同，怀卵量一般在100～700粒，平均为300粒。受精卵的孵化时间与温度有关。一般18～20℃条件下孵化需30～40天，水温25℃时需15～20天。

克氏原螯虾刚孵出的幼体为糠虾幼体（后期幼体），前期营养依靠自身携带的卵黄囊，不需要外来供给。其黏附在亲虾腹部停留到几次蜕壳以后，才脱离母体独立生活。整个变态发育须经十几次蜕壳才能变为幼虾。克氏原螯虾虽然抱卵量较少，但幼体孵化的成活率很高。由于克氏原螯虾分散的繁殖习性限制了苗种的规模化生产，给集约性生产带来不利影响。

克氏原螯虾雌虾虽然性成熟较晚，但一年当中可多次交配、产卵。试验记载，武汉地区的克氏原螯虾繁殖高峰期每年有两个：春末夏初和秋季。在自然条件下，性成熟的克氏原螯虾一年之中一般可以有两个产卵高峰期，一个是4月下旬到5月，一个是9～10月。

第二节 克氏原螯虾的苗种生产

一、亲虾的选留与培育

1. 亲虾的选留

克氏原螯虾的性成熟时间大约在9月龄到12月龄。进行人工育苗的亲虾可选留野生捕获的成虾,也可采用人工养成的。选留亲虾的标准是:个体重25～30克,规格整齐,体质健壮,体色光亮,体形标准,附肢完整,无伤无病无残,体表干净,爬动迅速而有力。雌雄比例2∶1或1∶1。选留时间可以是前一年秋季,越冬后进行人工繁殖,也可以是繁殖当年4～5月份。

2. 亲虾的培育

亲虾要专池单养。选择长方形、东西走向、采光好、池埂坚固、靠近水源、水源充足、有独立进排水口的池塘,面积2～4亩,池坡坡比1∶(2.5～3),池深1米左右,能保水0.6～1米。进虾前,池塘先干池暴晒池底,加固岸坡,疏通进排水口,安装栏栅和拦鱼网。然后进水10厘米左右,用生石灰全面消毒。在池内设置一些网片、竹筒、瓦片、小水泥筒、无毒小塑料筒等隐蔽物,供亲虾栖息隐蔽。待消毒药物毒性消失后,注入经过滤的清洁水备用。

通常11～12月选留的亲虾每亩放养100～150千克;4～5月选留的亲虾,每亩放养80～100千克。亲虾放养后,要加强饲养管理。亲虾越冬期要经常巡塘,注意观察,严防水面结冰、缺氧和敌害侵袭。第二年春季,当水温超过10℃时,就开始适量投饵。随着水温的升高，日投食量酌情增加。饵料应以鱼肉、螺蚌肉以及屠宰场下脚料等动物性饵料为主，辅以一些维生素含量较高的青饲料。一般3月日投食量占亲虾体重的2%～3%，4月4%～5%，5月6%～8%。还要加强水质管理，保持池水肥活嫩爽、溶氧充足、pH适宜。

二、幼体培育

克氏原螯虾的亲虾交配产卵直接可以在亲虾培育池中进行，也可以在4月底5月初，将亲虾捕出，按雌雄3∶1，放入专池交配、产卵、孵化。通常水温上升到20℃以上时，亲虾就开始交配产卵，6～7月形成产卵高峰期。受精卵经过40～50天孵化，糠虾幼体破膜而出。孵化时间同水温成反比。在整个孵化期要严格控制水质，适时换水，不断充氧，及时排污、清除残渣剩饵。

幼体孵出后，利用其强烈的趋光性用密眼网捞出，转入幼体培育池培养。幼体培育池最好是小水槽或小型水泥池，以方便管理为宜。放养密度为每立方米10万尾。培育期，糠虾幼体第一次蜕壳前不投饵料。第一次蜕壳后，开始投喂卤虫的无节幼体，投放量为5～10个/毫升，以后逐渐增加。第五次蜕壳后，逐渐转为以煮熟的碎鱼肉、蒸熟的蛋黄碎为主。经过20～25天，幼体完成变态，成为幼虾，转为营底栖生活，这时可以进入成虾养殖阶段或继续中间培育，养成大规格苗种。

整个幼体培育阶段，要不断充气增氧。初期幼体活动能力弱，充氧气流要小，随着幼体的成长，充气气流逐渐增大；控制水温稳定在(28.5±0.5)℃；定期排污换水，每次换掉池水的1/3。

三、中间培育

刚刚完成变态的幼虾可以进入成虾养殖池养殖，但是由于此时幼虾身体较弱,适应力差,养殖成活率较低,因此生产单位可以继续培育一段时间,待其体长达到2～3厘米时,再转入成虾养殖,提高其成活率和品质,称为中间培育。

(1) 培养池准备　选择面积1～4亩的长方形、东西走向的池塘。池塘条件同亲虾培养池；也可用水泥池,面积8～10米^{2}为宜。池塘清整消毒,放入瓦片、竹筒等隐蔽物,注入经过滤的水60厘米左右；施放腐熟的有机肥肥水,使水色呈嫩黄绿色,透明度为30厘米左右。

(2) 苗种放养　选择晴朗的、无风或微风的早晨,于池塘的上风头放养。密度为每亩放规格为0.8厘米左右的幼虾10万～15万尾。同一培育池放养虾苗的规格必须一致。

(3) 饲养管理　克氏原螯虾的幼虾食性较杂,可食小型的浮游动物如轮虫、枝角类、桡足类等,也可食各种水生植物、陆生植物的茎叶。因此施足基肥,培养优质的天然饵料十分重要,培育期间还要根据透明度和水色,适时追肥,保证塘内有充足的补充天然饵料。

仔虾初入池,投喂以泼洒黄豆浆为主。随着幼体的生长,一周后就要以碎鱼糜、螺蚌肉或蚯蚓肉等为主,辅以嫩植物茎叶,一起粉碎打成糊状,每天上午8～9时和下午5～6时各喂一次,以傍晚为主,投喂量占全天投喂量的2/3。日投喂量控制在池内幼虾总体重的8%～12%,实行"定质、定量、定时"投喂。

培养期间,保持水质清新,溶解氧5毫克/升以上,透明度30厘米以上；定期换水,一般每7～9天换水一次,每次换掉池水的1/3；同时定期泼洒生石灰,既能消毒水体,又能补充钙质,有利于螯虾蜕壳；勤巡塘,看天、看水、看虾的活动状况,据此调节水质和投饵；经常检查池塘各种设施,尤其是栏栅和拦鱼网,发现异常及时处理,防止敌害、杂鱼随水入塘和螯虾外逃。

经过25～30天的精心培育，仔虾就可以长成体长2～3厘米的大规格虾苗了。

四、幼虾的捕捞和运输

幼虾的捕捞前，先撤除虾池内的各种隐蔽物，然后用手抄网在水生植物下反复抄捕，再用夏花鱼苗网围捕，最后干池捕捞。捕上来的虾需集中在小网箱中暂养，待其恢复体力后，才能分池养殖或运输。

克氏原螯虾苗种的运输参见罗氏沼虾运输。

第三节　克氏原螯虾的成虾养殖

一、成虾养殖的主要方式

美国克氏原螯虾养成的主要方式有两种：池塘养殖和稻田养殖。美国池塘养殖不投饵，主要以池中的水生植物为饵料，放养密度小。稻田养虾，美国有两种方式，一种是水稻-螯虾双收制，另一种是单收制，只收螯虾，不收水稻，水稻作为螯虾的饲料。

澳大利亚养螯虾分三种类型，即农场水库和湖泊粗养，池塘半精养，水槽、水道的精养。粗养实际就是我国的人工放流；池塘半精养，人工设施齐全，池塘面积较大，放养密度低，饵料以配合饲料和天然饵料相结合，产量较高；水槽、水道采用开放式流水或封闭式循环水养殖，放养密度大，全程投喂配合饲料，产量高。

我国的克氏原螯虾养殖形式主要是池塘养殖和稻田养殖，

加上我国传统的鱼虾混养,实现了经济效益和生态效益的双丰收。

二、池塘养殖

1. 池塘选择和准备

应选择长方形、东西走向、采光好、池埂坚固、靠近水源、水源充足的池塘,面积3~5亩,池深1米以上,能保水0.6~1米。放苗前,先干池暴晒池底,加固岸坡,疏通进排水口,安装栏栅和拦鱼网。在池底栽种水生植物,如光果黑藻、水花生(学名:空心莲子草)等,面积占池塘面积的1/3左右。前期水草未长成,可将陆生植物扎成草把,放在离塘边1.5米处,每隔3~5米放一把,每亩放20~30把。4月中旬,进水20厘米左右,每667平方米用漂白粉8~10千克和生石灰70~80千克混合加水搅拌,趁热全池泼洒消毒。5月中旬,用80目的筛绢过滤进水60厘米深以上,然后施有机肥培育饵料生物,使池水呈嫩黄绿色,透明度30厘米左右。

2. 虾苗放养

克氏原螯虾虾苗的放养分冬放、夏放和秋放。

冬放一般在11~12月底进行,放养的是当年未长到上市规格的大虾种(一般100~200只/千克),放养密度为每亩1.4万~1.8万尾,经过越冬,第二年水温回暖,及时投饵,加强培养,到6月可养成上市,成活率可达90%以上,产量可达300~400千克/亩。

夏放一般在7月中下旬进行,放养的是当年育成的第一批虾苗,体长0.8~1.2厘米,放养密度每亩3万~4万尾,养到11月底上市,商品虾规格可达20克/只,成活率可达50%以上,产量300~400千克/亩。

秋放一般在8~9月进行，放养的是当年培育的体长0.8厘米的变态苗或体长2~3厘米的大规格苗，密度为每亩放养变态苗2.5万~3万尾，或大规格苗1.5万~2万尾，养至翌年6~7月份上市，成活率可达80%以上，产量为300~500千克/亩。

苗种放养时需注意：冬放要选择晴天、无风或微风的上午，夏放和秋放要选择晴天的早晨或阴雨天进行，避免阳光直射。放养时要注意前后两种水体的水温要基本一致，温差不能过大。苗种用3%~5%的食盐水浸浴10分钟，以杀灭虾体上的病原微生物。此外，可选择部分鲢、鳙、异育银鲫等鱼类放入虾池，实行鱼虾混养，以充分利用水体水域空间和饵料资源，改善虾池水质和虾的品质，提高虾塘的经济效益。

3. 投饵与施肥

克氏原螯虾养殖池中的动植物是其优质的天然饵料，因此施肥是养螯虾的重要技术措施。虾池施肥的原则是："基肥为主，追肥为辅，一次施足，适时追肥"，培养轮虫、枝角类、桡足类等浮游动物以及水生昆虫的幼体，供虾摄食。肥料以有机粪肥为好，主要是充分腐熟的猪粪、鸡粪，最好不施纯无机肥，纯无机肥容易引发蓝藻增生，使池塘缺氧。

6~8月是克氏原螯虾的体长增长期，9月中旬以后是螯虾重要的体重增长期，越冬之前和早春，是螯虾越冬准备和性腺发育的重要时期，在这些关键的生长节点，都需要大量的营养物质。因此养殖过程中，饲料的选择尤为重要。应当以鱼肉、螺蚌肉、蚯蚓、蚕蛹或屠宰场下脚料等动物性鲜活饵料为主，日投食量占池内虾总体重的8%~12%，干饵料或配合饲料占3%~5%。每天上午和傍晚各饲喂一次，以傍晚为主，占日投食量的2/3。

4. 日常管理

克氏原螯虾成虾养殖期间的管理主要是：投饵管理、水质管理、防治疾病和巡塘管理。

每天投饵要做到"定质、定量、定时"，遵循科学的投饵方法，投饵后要注意观察虾的摄食情况和活动情况，根据水色和虾的摄食情况调整投饵量。

保持水质清新，溶氧 5 毫克/升以上，透明度 40 厘米左右。每月定期换水一次，每次换水 1/3，如发现水质较肥或缺氧，要及时开增氧机或加注新水。

虾的疾病无法治疗，只能以预防为主，早发现早处理，避免更大损失。因此每天至少巡塘两次，注意观察虾的溜边或爬岸情况，一旦发现，及时加注新水或开增氧机。高温季节，可以以浸泡法和拌饵法使用中草药预防疾病。尽可能少用化学药物，避免污染。

巡塘期间，要"三看"——看水、看天、看虾的活动。通过天气状况、水质状况和虾的摄食、活动状况，及时调整投饵计划、水质管理和管理措施。

5. 收获

在我国，克氏原螯虾集中上市的时间是每年的 6～7 月和 11～12 月。6～7 月上市的螯虾大多是前一年冬放的虾种，规格大，数量多；11～12 月上市的商品虾大多是当年培育当年养成的，规格稍小一些。池塘捕虾的工具有手抄网、地笼、密眼鱼苗网等。捕捞时先用工具捕，再干池捕捞。

螯虾的成虾离水较长时间也能成活，因此运输时可直接装入带盖的泡沫塑料箱，箱内放入一些带水的水草，保持湿润，即可运输。运输期间经常喷淋，保持湿润。

三、稻田养殖

稻田养鱼、养虾、养蟹是我国传统的养殖模式。我国稻田面积有1333万公顷，发展稻田养殖大有可为。

1. 稻田的选择和准备

选择中低产的稻田，一熟稻田，要求水源充足，水质清澈，无污染，排灌方便，壤土土质，保水性、保肥性好。面积0.6~1.33公顷，最好集中连片开发，产业化经营。稻田采用垄稻栽培法。沿稻田四周边缘挖出环形沟槽，与田埂相连，沟宽1.0~1.2米，深0.8米。稻田中间垂直环沟，纵横挖数条浅沟，宽1米，深0.5米，与环沟相连。这些深浅沟，统称虾沟，是虾活动的主要通道。在稻田排水口处挖一个小水池，与深沟相连，是为虾池，面积约占稻田面积的1/10，深1米左右，是虾的主要栖息场所。虾沟和虾池总面积占稻田总面积的20%左右。用挖沟和池所挖出的泥土加高加固田埂，使田埂高达到0.5米、宽0.8米。田埂一定要牢固，下雨不坍塌。田埂不但能防洪防涝保水保肥，还能在其上种植瓜菜、豆类等，增加经济效益。稻田进、排水口内外要设置拦鱼网和栏栅，栏栅阻拦杂物进入稻田，拦鱼网阻拦杂鱼和敌害随水进入稻田，也防止虾向外逃逸。在田埂上要用塑料薄膜和木棍搭制高30厘米，深入地下5~10厘米的防逃设施。

虾苗放养前一个月左右，稻田开始清整消毒。主要工作：清整消毒、注水施肥和设置隐蔽物。将虾池、虾沟及稻田中的树枝、杂物、淤泥全部清理出稻田。注入清洁水，用生石灰对虾池、虾沟彻底消毒，用量为每亩75千克，既能杀灭水中的敌害和病原生物，又能提高水中的酸碱度，还能增加土壤的钙质。消毒后3~5天待药物毒性消失以后，水中施放充分腐熟的粪肥，培养浮游生物，用量为每亩500~800千克。还要在虾沟和虾池中移栽好水生植物,如沉水植物光果黑藻、空心莲子草等,沟底、池底多放置一些瓦片、竹筒等隐蔽物,有利于螯虾休息、躲避敌害,减少螯虾打洞。

2. 虾苗放养

夏放、秋放,放养虾苗(体长0.8厘米)的话,密度每亩1万~2万尾;放养虾种(体长2~3厘米)的话,每亩0.8万~1.2万尾。冬放虾种一般规格较大,每亩放养0.8万~1.2万尾。放养注意事项同池塘养殖。同时,最好在稻田中放养一些鲢、鳙、异育银鲫等鱼类,密度每亩30~50尾。

3. 饲养管理

螯虾养殖期间的饲养管理工作主要是投饵和水质管理。稻田中天然饵料丰度相对池塘来说,要大得多,因此养殖期间投饵量相对池塘要小。日投食量,主要生长季节占螯虾总体重的6%~8%,每天一次;冬季每3~5天投喂一次,日投食量占总体重的2%~3%。

水质管理注意三点:一是稻田水浅,水质变化大,养殖季节坚持10~15天定期换水,每次换水1/3;二是预防疾病,定期泼洒生石灰,既能防病,又能增加水中钙质,有利于螯虾蜕壳,定期用中草药浸浴或拌饵投喂防病。尽量不使用化学药物和化肥,避免水质恶化;三是妥善处理好稻田施肥、用药和螯虾生长育肥的关系。主要措施同稻田养罗氏沼虾。

第六章

南美白对虾的养殖

南美白对虾养殖可以算是近二十年来最火的海水、淡水养殖项目了。因其生长迅速，耐盐性广，抗病能力强，蛋白质含量高，口感不错，加工出肉率高（65％以上）等，一举成为世界公认的三大优良品种对虾（其余两种为斑节对虾和中国对虾）中的首席。

该虾原产于中、南太平洋沿岸，以厄瓜多尔附近海域最为集中。20世纪80年代中国科学院海洋研究所率先将其引入中国并进行人工养殖。20世纪90年代初期中国人工繁殖南美白对虾成功。1999年，在广西和江苏两地南美白对虾淡化养殖获得成功，并广泛推广。2000年以后开始大规模进行养殖，目前已成为中国虾类养殖的主要对象，在从东到西、从沿海到内陆的广大地区养殖。中国是世界最大的虾类生产国，也是最大的南美白对虾生产国。据不完全统计，南美白对虾占所有海水虾类养殖的65％，加上淡水养殖的南美白对虾，其产量已占了中国所有养殖对虾类总产量的80％。2023年全世界虾产量突破560万吨，其中白对虾产量是绝对的霸主，仅厄瓜多尔和中国两国总产量即超过了220万吨。此外，中国除了是最大的对虾生产国以外，还是世界最大的对虾消费国。2022年，仅厄瓜多尔就向中国出口约59万吨南美白对虾。

第一节 南美白对虾的生物学特性

一、形态特征

南美白对虾,学名凡纳滨对虾(*Litopenaeus vannamei*),又称万氏对虾、白脚虾、白肢虾、美国白腿对虾、白对虾、太平洋对虾等,因其在厄瓜多尔沿岸最为密集,也称厄瓜多尔白对虾。属节肢动物门(Arthropoda),甲壳纲(Crustacea),十足目(Decapoda),枝鳃亚目(Dendrobranchiata),对虾科(Penaeidae),滨对虾属(*Liepenaeus*),其外形与中国对虾、墨吉对虾酷似,成体最长达23厘米,甲壳较薄,虾体通透,正常体色为青蓝色或浅青灰色,全身不具斑纹。步足常呈白色,故有"白肢虾"或"白脚虾"之称。身体长而侧扁,略呈梭形;分头胸部和腹部两部分,共20节(头部5节,胸部8节,腹部7节),除最后一节外每节各有一对腹肢。头胸部覆盖头胸甲,腹部每节各外覆一节甲片。头胸甲较短,与腹部的比例约为1:3;头胸甲背部前端向前突出成尖锐的额角,额角短,尖端的长度不超出第1触角柄的2节。额角下缘齿1~2枚,齿式常为8~9/1~2。额角侧沟短,到胃上刺或稍超出;头胸甲具肝刺及鳃角刺;肝刺明显;无额胃脊;腹部第4~6节具背脊;尾节具中央沟,但不具有缘侧刺。与中国对虾的封闭式纳精囊不同,南美白对虾的雌性纳精囊为开放式。雄性腹部第一对腹肢的内肢特化为交接器,呈卷筒状,无末中突,侧叶游离部分长(显著超过中央叶),椭圆形。

二、生活习性

1. 栖息习性

（1）自然分布　南美白对虾原产于南美太平洋沿岸水域，主要分布在美国西部太平洋沿岸热带水域，从墨西哥湾至秘鲁中部都有分布，以厄瓜多尔附近的海域更为集中。该虾自然栖息区为泥质海底，水深0～72米。成虾多生活在离岸较近的沿岸水域，幼虾则喜欢在饵料丰富的河口区觅食生长。白天静伏在海底，傍晚活动频繁。

（2）水温　南美白对虾是热带、亚热带虾类，生存水温为13～40℃，生长的最适温度为23～30℃。水温低于16℃时开始停止摄食，长期处于低于13℃时出现昏迷；当水温升高到41℃时，体长小于4厘米的个体在12小时内全部死亡。个体越小对水温变化的适应能力越弱。因此在我国北方，南美白对虾无法在自然环境下越冬。

（3）盐度　南美白对虾适盐范围较广，非常容易养活，在0～3.5％盐度的水中均能生存，也就是说海水、淡水都能活，水温只要保持在15～38℃之间就可以。最适生长盐度为1％～2％。在逐渐淡化的情况下，南美白对虾可在盐度为0.05％以下的淡水中生长，但口味稍微有所下降，并且长途运输的成活率相对较低。所以在有条件的情况下，在收获前的1～2周，应逐渐提高盐度。

（4）溶解氧　溶解氧是虾类生存的最基本要素。溶解氧在6～8毫克/升时，南美白对虾的生长速度较快；在粗养池塘中，溶解氧可维持在4.0毫克/升左右，但不得低于2.0毫克/升。在工厂化养殖或者精养池塘中，一般都采取连续充氧的形式。

（5）pH　南美白对虾在pH7.5～8.5的弱碱水中生长较好，pH低于7时生长受到显著影响，活动受限制，影响蜕皮和生长。因此,在养殖过程中,当水中的 pH 低于 7 时,就要换水或者施放生石灰了,否则会影响虾的生长,甚至造成虾的死亡。

(6) 透明度　透明度反映了水体中浮游生物、泥沙和其他悬浮物的数量,也是养殖期间需要控制的水质因素之一。当水中单细胞藻类大量繁殖或者水中泥沙过多时,就会引起透明度降低;而当水体变瘦时,透明度就会增加。一般来说,透明度过低或者过高都对养殖的对虾不利。在食用虾的养殖期间,透明度在 30～40 厘米为宜。

2. 食性

不同发育时期的南美白对虾,食性不同。无节幼体期以单细胞藻类为食;溞状幼体期主要以浮游植物、浮游动物、原生动物以及水中的悬浮颗粒为食;幼虾期开始食性转为杂食性,主要饵料包括小型甲壳动物如介形类、糠虾类、底栖桡足类、小型多毛类、软体动物幼体及小鱼等;成虾期以底栖甲壳类、多毛类、蛇尾类等小型水生动物为食,亦喜食贝类,尤喜食双壳贝类。

人工养殖中,无节幼体期培育主要以施肥培养浮游植物为主;溞状幼体Ⅰ～Ⅲ期主要以培育池内单细胞藻类为主,辅以豆浆、蛋黄浆和酵母,Ⅲ期后可以投喂卤虫无节幼体;糠虾幼体期主要投喂轮虫和卤虫的无节幼体;幼虾阶段主要投喂卤虫的无节幼体和卤虫、丰年虫,还可加喂粉碎后的新鲜蛤肉、花生仁饼(粕)粉、豆粉以及枝角类、桡足类等;成虾养殖阶段可以投喂配合饲料为主,鲜活饵料为辅,也可以鲜活的动物性饵料为主,植物性饵料为辅。动物性饵料包括小鱼虾、螺蚌肉、蚯蚓、蚕蛹等,植物性饵料包括麸皮、青糠、豆饼、花生饼、水生植物和陆生植物鲜嫩的茎叶等。

3. 繁殖习性

南美白对虾的繁殖季节长,只要温度、盐度适宜,饵料充沛，可以周年进行苗种生产。与封闭式纳精囊的中国对虾交配和产卵时间相隔数月不同，开放式纳精囊的南美白对虾交配和产卵的时间相隔很短。一般卵子成熟后的雌虾才会进行生殖蜕皮和交配，交配后2～12小时即可产卵、受精。产卵时间一般在夜间8时至凌晨3时，产卵时雌虾贴近水面缓慢游动，整个产卵过程持续大约几分钟。一尾雌虾一年内可产十多次卵，每次产卵5万～20万粒。第一次产卵到性腺第二次成熟的时间，一般只需要3天。南美白对虾受精卵与罗氏沼虾、日本沼虾不同，其雌虾不抱卵，而是卵在水中受精、孵化。

水温27～30℃时，受精卵经过10～15小时孵化即可孵出无节幼体，经6次蜕皮后变为溞状幼体，再经3次蜕皮变态为糠虾幼体，糠虾幼体3次蜕皮后变为幼虾。此时，虾的栖息习性由浮游性转化为底栖性，幼体趋光性转化为负趋光性。

4. 蜕壳与生长

南美白对虾的生长也是伴随着一次次蜕壳进行的。从无节幼体→溞状幼体→糠虾幼体→仔虾→成虾，需要经历几十次蜕壳。南美白对虾生长快，在适宜条件下，从无节幼体完成变态到仔虾仅需10天左右。长成商品虾仅需3个月左右。

其蜕壳也分为变态蜕壳、生长蜕壳和生殖蜕壳。

第二节　南美白对虾的苗种生产

一、人工繁殖

1. 亲虾的选留

南美白对虾亲虾最好选择引进或培育选购的无特定病原

(SPF)虾。要求体长 12 厘米以上,体重 20 克以上,体质健壮,体色正常有光泽,身体无污物,附肢齐全,无伤无病无残,伸缩有力,肉眼可见性腺已接近发育成熟的个体。雌雄虾选留比例为 1:1。

池塘养殖的南美白对虾,性腺不易成熟,即使个体很大,性腺也不一定成熟。目前常用的方法是,将亲虾暂养一段时间后,用镊烫法摘除单侧眼柄,以人工的方法诱导雌、雄个体发育成熟。

亲虾如需异地运输,常用帆布桶运输或尼龙袋运输。帆布桶运输:适于 24 小时以内路程,直径 80 厘米,水深 40~50 厘米,装亲虾 50 尾;尼龙袋运输:适于长时间运输,20 升的尼龙袋,装水 1/3,放亲虾 5~8 尾,充气后放于纸箱或保温箱内。高温季节箱内放冰块降温。

2. 亲虾的培育

选用室内水泥池或水槽、钢化玻璃缸,面积一平方米到十几平方米均可,以方便管理。事先彻底消毒清洗,疏通进排水、排污管道,安装拦鱼网,注入 1 米深清洁海水备用。海水必须经过过滤、消毒、沉淀、调温处理,使其水温、溶氧、盐度、pH、重金属离子含量等均符合育苗用水要求。

目前,亲虾培育多采用把亲虾直接放入池中培育的方法,所以培育密度和性腺发育密切相关。培育密度过大,势必影响亲虾的性腺发育。因此放养密度以 8~10 尾/米^2 为宜。

培育期间,关键做好以下工作:

(1) 水温控制 在适温范围内,性腺发育与水温成正比,水温高性腺发育快。所以亲虾入池后,应升温促熟。亲虾入池时,温差不要超过 3℃。稳定 1~2 天后,每日升高水温 0.5~1℃,逐步提高最终稳定在 27~29.5℃。

(2) 光线控制 亲虾是夜行动物,怕强光,所以亲虾培育要在光线较暗的环境下培育。培育池面加盖黑布或培育室用黑布帘遮光,光照强度控制在100勒克斯以内,有利于性腺发育。

（3）饵料投喂　亲虾培育期间,投喂饵料要以贝肉、沙蚕、小杂鱼肉、乌贼肉等鲜活动物性饵料为主。日投饵量为亲虾总体重的4％～6％,每天投喂两次,根据亲虾夜间摄食多的习性,傍晚应投日投饵量的2/3,早晨投1/3。

（4）水质管理　首先应保证水温和盐度的相对稳定,尤其换水前后,温差不能大于3℃,盐度差不能大于0.3％。

其次,要保持水质良好,通过不断充气增氧（充气量不要过大,避免惊扰亲虾）,保证溶氧在5毫克/升以上,pH7.9～8.3。每天至少换水一次,每次换掉池水的1/3左右,换水前先排污,清除池底残饵、粪便及病虾、死虾。

（5）加强亲虾性腺检查　加强对亲虾性腺发育和产前的检查,一旦亲虾性腺发育成熟,即可移入产卵池。

3. 产卵和孵化

（1）产卵　产卵池也是室内水泥池或水槽、钢化玻璃缸,面积一到十几平方米均可,以方便管理。事先准备同亲虾池。

通过检查,一旦发现亲虾卵子发育成熟,就可将亲虾全部转入产卵池。转入密度为每平方米10～15尾,雌雄比例1∶1。亲虾产卵多在夜间,因此应在下午或傍晚将性腺发育成熟的亲虾移入产卵池。亲虾入池后,通过水温、送气增氧等环境因子变化刺激产卵,一般当夜即可产卵。南美白对虾雌虾一次产卵5万～20万粒。第二天早晨,将产过卵和未产卵的亲虾全部捕出,另池培育或产卵。

（2）孵化　受精卵在产卵池中孵化,密度应控制在50万～80万粒。孵化期间,不断小量充气,保持溶氧5毫克/升以上,水温稳定在27～30℃。需要10～15小时,无节幼体就会破膜而出。

二、虾苗培育

虾苗培育过程包括从无节幼体到溞状幼体、糠虾幼体,再到仔虾,完成变态发育的全过程。

1. 培育准备

虾苗培育可以直接在产卵池中进行,也可利用幼体趋光性,用灯光诱导捕捞,转入培育池培养。

培育池最好也是小水泥池或水槽、钢化玻璃缸,面积一到十几平方米均可,以方便管理。事先准备同亲虾池。

2. 幼体放养

幼体培育的放养密度视管理水平、培育池条件、饵料供给情况等多种因素而定。南美白对虾无节幼体培育适宜的密度是10万尾/米^3。

3. 饵料投喂

培育期间,不同的发育阶段,投喂的饵料种类和投饵量也不同。

无节幼体期,应投喂单细胞藻类。单细胞藻类如扁藻、盐藻、小球藻、三角褐指藻、绿色巴夫藻等,应事先进行人工扩繁,准备足够的量。培育期间保持培育池内单细胞藻类密度为20万~30万个/厘米^3,若密度不够,可适当增加藻种,适量施肥。

进入溞状幼体期,除保持池中单细胞藻类密度外,还要加喂豆浆、蛋黄浆、酵母等。Ⅲ期后可以投喂卤虫无节幼体。

糠虾幼体期,以轮虫、枝角类、桡足类和卤虫或丰年虫的无节幼体为饵。糠虾幼体Ⅰ期要保证每个幼体每天能摄食50个轮虫或15个无节幼体;此后食物丰富度逐渐增加,糠虾幼体Ⅲ期主要摄食无节幼体,要保证每个幼体每天能摄食 25~35 个无节幼体。还要辅以豆浆、酵母、虾粉、蛋黄等人工饵料。

进入仔虾阶段,主要投喂卤虫或丰年虫的无节幼体和成体。仔虾Ⅰ~Ⅲ期,保证每尾仔虾每天摄食无节幼体和成体 80~100 个,此后逐渐增加投喂量。若鲜活饵料不足,还可加喂粉碎后的新鲜蛤肉、豆粉等。

培育期间,投喂以"少量多次"为原则,每天投喂 6~12 次。

4. 培育管理

培育期间管理工作,主要有以下几点。

(1) 水温控制 适宜温度范围内,幼体生长、蜕壳速度与温度成正比。无节幼体期育苗水温稳定在 27~28℃,溞状幼体期控制在 28~29℃,糠虾幼体期 29~30℃,仔虾阶段 26~30℃。每次换水时,保证前后温差不能超过 2℃。

(2) 盐度控制 南美白对虾幼体培育期适宜盐度范围为 3.3‰~3.5‰。每次换水前后盐度差不能超过 0.2‰。

(3) 保持水质良好 培育期间,通过不断充气增氧,保证水中溶氧量在 5 毫克/升以上。但不同发育时期充气量不同。无节幼体体质弱,运动能力差,充气量要小,应使水面有微波;此后逐渐增大,溞状幼体期水面呈小波浪,糠虾幼体期水面呈波浪状,进入仔虾期,水面呈沸腾状。

此外,无节幼体期不换水,溞状幼体期只加水不换水,糠虾幼体期每隔一天换水一次,每次换水 10%~20%,仔虾期间每天换水一次,换水量 20%~40%。

定期测量各项水质指标,保证水温、溶氧、盐度、pH、重金属离子含量等各项理化指标均符合育苗用水要求。如发现异常,及时采取措施处理。

5. 虾苗淡化

为了使南美白对虾能在淡水或半咸水中养殖，培育后期的仔虾必须经过淡化处理。虾苗淡化是从仔虾第 6 天开始，每天降低一次盐度，每次降低 0.3‰～0.5‰，盐度降低到 0.1‰时稳定 3 天，这样进入淡水后养殖成活率较高。从无节幼体培育到仔虾，只需 10 天左右，而整个淡化过程则需 12 天。

如购买的未淡化苗，养殖者可以自己淡化，再进入淡水饲养。淡化方法如下。

（1）水泥池淡化　水泥池面积以 20～50 米^2 为宜，水深 1 米；配备充氧设施。用海水或海水晶调节池水盐度，使其与虾苗场的虾苗池盐度相同。每平方米投放虾苗 1 万～2 万尾。采取先添加淡水后更换池水的淡化办法。虾苗放养时水位控制在 50 厘米，自次日起，每天上午添加淡水 10 厘米，5 天后池水水位加至 1 米，然后每天上午先排池水 10 厘米，接着加淡水 5 厘米，下午再加淡水 5 厘米，仍维持池水水位不变，这样在前 10 天使池水盐度每天降低 0.1‰～0.2‰；当池水盐度降至 0.3‰时，每天上午排池水 20 厘米，当天上午、下午各加淡水 10 厘米，始终保持水位不变，待池水盐度降到 0.05‰以下时移入池塘养殖。

（2）土池淡化　在池塘一边或一角用彩塑编织布围圈一个面积为 30～100 米^2 的小水体，用木桩或竹条固定，围圈面积大小视放养虾苗的数量而定。用海水或海水晶调节淡化池水盐度，使其与虾苗场的虾苗池盐度相同，水深控制在 50～80 厘米，保持与大塘相同。编织布要露出水面足够高，防止下雨漫顶。配备小气石增氧，每平方米可投放虾苗 0.5 万～1 万尾。采取边添加淡水边排池水的淡化办法（排水缺口用 60 目网片阻隔）。每天上午、下午分两次用 200～500 瓦小水泵抽取大塘水添加到淡化池内，注意排水时的流速，防止弱苗粘网死亡，

第六章 南美白对虾的养殖

每次换水 1~2 小时。淡化前 10 天,池水的淡化幅度控制为每日降低 0.15%~0.2%,后 5 天每日控制在 0.05% 左右。经淡化 15 天后,淡化池的盐度与大塘基本一致时,淡化池打开一个缺口,用 40 目网片阻挡虾苗外逃,24 小时后即可放出池塘养殖。

6. 虾苗的出池、计数和运输

(1) 虾苗出池的质量要求 南美白对虾苗种培育后,出池的虾苗要求规格整齐,体色光亮,体格健壮,爬动有力,附肢齐全,无伤无病无残,体长 1~1.2 厘米,并经过淡化处理,以保证此后养殖的成活率。

(2) 虾苗计数 出池虾苗要计数,主要方法有三种。

① 容量法。将出池虾苗集中在已知容积的帆布桶或玻璃容器内,充分搅拌,尽量使虾苗均匀分布,然后用有容量刻度的容器随机取样 3 次,计数,取 3 次平均值,再根据容器容积换算帆布桶虾苗的数量。

② 量具法。制作一个计数虾苗的量具,计数虾苗时,先将虾苗集中到网箱内,提起网箱一角,用量具打满虾苗,放入面盆中计数,取 3 次平均值,再按量具量取的总数,两者相乘得出出池虾苗总数。

③ 称重法。称取 10 克左右虾苗,计数出每克虾苗尾数。在塑料桶内装水,称取质量,用捞海捞虾苗倒入桶内,称重,前后两次质量差即为虾苗质量。根据取样标数,计算出桶内虾苗尾数。

无论哪种方法计数,操作时都要小心认真,避免伤虾。一般第三种方法计数较准确,对虾苗损伤小,生产中最常用。

(3) 虾苗运输 短途运输用帆布桶或塑料桶带水充氧运输。长途运输采用尼龙袋充氧包装运输。用普通育苗袋,容量 20 升或 25 升,装水 1/3,放入虾苗 3 万~5 万尾,充氧后扎紧袋口，放入泡沫塑料箱或纸箱内运输。气温 20℃ 左右时可运输 10～24 小时，成活率 95% 以上。高温季节箱内可加冰块降温。

第三节　南美白对虾的成虾养殖

目前，南美白对虾的成虾淡化养殖主要方式是池塘养殖、稻田养殖和工厂化养殖。这里只介绍淡水养殖中常见的池塘养殖与稻田养殖。

一、池塘养殖

1. 池塘选择和准备

（1）池塘选择　无论是新建还是改造老旧池塘，都要保证养虾池有水量充足、水质清新、无污染、符合海水养殖水质标准的水源。新开塘最适宜，养殖产量高，成活率高。池塘面积 5～8 亩为宜，池形长方形，东西走向最好；池深 1.5～2 米，能保持水位 1.2～1.5 米；池坡坡比 1∶2.5。土壤以壤土为好，土质坚硬，有 10 厘米左右底泥。池底要平坦，向排水口有一定倾斜度，保证能排干池水。池堤坝、池壁坚固，下雨不会坍塌。塘基坚实，减少敌害打洞藏匿。要有独立的进、排水口。进、排水口都要设栏栅和拦鱼网，防止虾逃逸和杂鱼、敌害进入。池中央挖一条中央沟，宽 1～1.5 米，深 0.5～0.6 米，用于排水捕虾。

虾池周围通风向阳，环境安静，通水、通电、通路。精养池塘要配备增氧机。

（2）池塘准备　放养虾苗前，旧塘要排干池水，清除过多淤泥，暴晒池底，疏通进排水管道，安装栏栅和拦鱼网。然后无论新塘、旧塘均要使用生石灰75千克/亩或含氯消毒剂彻底消毒。再注入经80目筛绢过滤的清洁水。

注水后开始施肥培育水质。施肥用有机肥。每亩施放充分腐熟的粪肥300～500千克，培育藻类、轮虫、枝角类、桡足类等浮游生物，使水色呈嫩绿色，透明度30～40厘米。养殖南美白对虾池塘不需设置隐蔽物。

2. 虾种培育

成虾养殖前，将淡化虾苗集中培育一段时间，使其体长达到3厘米左右，再放入大池塘养成，有助于提高虾苗成活率，提高产量和品质。生产上称为"标粗"。

培育池可在成虾池一角分割出小塘或用帆布制成网箱，面积占成虾池的1/10，用于标粗；也可以设一个专门的水泥培育池，用于标粗。标粗水深0.8～1.2米。放养前培育池消毒、注水、施肥备用。待消毒药物毒性消失后，可以放虾苗，土池放养密度为每亩10万～20万尾，室内水泥池放养密度为每平方米5000尾。

采用豆浆、鱼肉浆培育法。虾苗下塘后2～3天内以豆浆为饵，每天泼洒4～5次，每万尾虾苗每天可用1～1.5千克黄豆打浆投喂。3天后，用煮熟的鱼肉和蛋黄打浆投喂，每天3～4次。投喂量按虾总体重的4%～6%。培育期间加强水质管理，每天换水一次，每次换水1/3，有条件的培育池每天排污一次。一般经过20～25天的强化培育，虾苗就会成长为体长2.5～3厘米的大规格虾种了。

3. 成虾养殖

（1）虾种放养　成虾养殖可以放淡化苗，也可以放标粗苗。同一池塘要求苗种规格整齐，体质健壮，体色光亮无附着物，附肢齐全，无伤无病无残。放养密度根据池塘条件、饲养水平、饵料品质和要求产量等确定,一般放1.5厘米左右虾苗,粗养塘放养密度0.5万～1.5万尾/亩,半精养塘放养密度1.5万～2万尾/亩,精养塘放养密度3万～5万尾/亩;放2.5～3厘米大规格标粗苗,精养塘放养密度一般1.5万～2.5万尾/亩。

放养前,加深池塘水位到60厘米。选择天气晴朗、无风或微风的早晨或傍晚或阴雨天放苗,避免阳光直射。放养时注意前后温差不能大于2℃。苗种要多点投放,全池都放到,使苗种在池内均匀分布。

(2) 饵料投喂　南美白对虾成虾养殖可以全程投喂配合饵料,也可以投喂鲜活动植物饵料,其中植物性饵料占60%,动物性饵料占40%。人工配合饲料粗蛋白含量要在20%以上,粒径1.2～2毫米。日投饲量,体长1～4厘米时为15%左右,体长4～7厘米时为10%左右,体长7～10厘米时为6.5%左右,体长10厘米以上时为3%～5%。在此期间,南美白对虾摄食量大,活动力强,可每天多次投喂,缩短其空腹时间,有利于其生长并减少水体污染压力。每天投喂时间可定为6:00、10:00、14:00、18:00、23:00,投饵方式逐渐由全池泼洒转变为投饵盘定点投喂。若投喂鲜饵,要保证饵料新鲜不变质,消毒冲洗干净后再投喂。

在养殖期间,日投饵量不是固定不变的,要根据水质、天气和虾的摄食、活动情况等,及时调整。原则是:饲料新鲜,杜绝腐败变质饲料;水温适宜、水质良好多投,水质不好少投,阴雨、闷热天气少投或停喂;对虾摄食旺盛、快速生长期多投,对虾活动觅食异常或发病季节少投;蜕壳时少投,蜕壳后几天加强投喂。投喂做到"定质、定量、定时"。

(3) 水质调控　养殖期间,保持水质清新是养殖成功的关键。要保证水质清新,必须要有充足且无污染的水源、充足的有机肥、便捷的进排水设施和增氧机。

养殖期间,水位管理遵循"春浅、夏满"的原则:即放养时养殖水位稍浅,保持0.6~1米,有利于虾快速生长。夏季高温季节,提高水位到1.5米。养殖用水保持黄绿色或黄褐色,透明度35~45厘米,若水质变瘦要用有机肥适量追肥,若水质过肥、藻类多,可用络合铜等药物杀灭藻类,澄清水质。养殖期间,保持池水水温20~32℃,溶氧量4毫克/升以上,pH7.0~8.5,氨氮、硫化氢等因子符合养殖用水标准。每7~10天换水,前期每次换水量10%~20%,以后每次换水20%。适时开增氧机,开增氧机的原则是:晴天中午开,阴天清晨开,连绵阴雨半夜开,浮头早开,关键时刻连续开。

(4)日常管理 日常管理的主要工作是调整日投饵量和巡塘。每天坚持早、中、晚三次巡塘。每次巡塘要看天、看水、看虾、看塘。看天,要根据天气情况调整投饵,预防疾病,对突发事件做出预判,采取措施;看水,是判断水质好坏,及时采取注新水、开增氧机或施肥、施药等措施;看虾的摄食情况和活动情况,是我们调整投饵和预防疾病的重要根据;看塘,是检查池塘的堤埂牢固度,进排水管疏通情况、栏栅和拦鱼网的情况,及时做好防逃防汛,严防大雨大风冲垮池埂,引发逃虾。

(5)病害预防 虾病一旦发生,无法治疗。因此养殖期间要以预防为主。保持水质清新,适时加注新水和开增氧机;避免敌害生物进入池塘;定期泼洒生石灰,既能杀灭病原,又能增加池塘钙质;定期投喂中草药药饵;尽量减少化学药物使用,避免水质污染。这些综合措施能全面推广健康养殖技术,提高虾的抗病力。

(6)成虾捕捞 经过3~4个月的喂养,南美白对虾体长达到10~12厘米时就可起捕上市了。捕捞时,可用虾笼、拉网、干池捕捞,多种方法并做。先下地笼,再拉网,最后干池将虾集中到虾沟，起捕上市，起捕率可达98%以上。

起捕后的虾，先暂养再运输，能有效地提高运输成活率。

二、稻田养殖

1. 稻田选择和准备

选择养虾的稻田，要求靠近充足的水源，水质清澈，无污染，排灌方便，壤土土质，保水性保肥性好。面积0.6～1.33公顷，最好集中连片开发，产业化经营。稻田采用垄稻栽培法。

沿稻田四周边缘挖出环形沟槽，与田埂相连，沟宽4.0～6米，深1～1.5米。稻田中间垂直环沟，纵横挖十字形田间沟，宽1米、深0.5～0.8米，与环沟相连。这些深浅沟，统称虾沟，是虾活动的主要通道，面积约占稻田面积的1/5。用挖虾沟所挖出的泥土加高加固田埂，使田埂高达到0.5米、宽0.8米。田埂一定要牢固，下雨不坍塌。田埂不但能防洪防涝保水保肥，还能在其上种植瓜菜、豆类等，增加经济效益。稻田进、排水口内外要设置拦鱼网和栏栅，栏栅阻拦杂物进入稻田，拦鱼网阻拦杂鱼和敌害随水进入稻田，也防止虾向外逃逸。

虾苗放养前一月左右，稻田开始清整消毒。主要工作：清整、消毒、注水、施肥。将虾池、虾沟及稻田中的树枝、杂物、淤泥全部清理出稻田。注入清洁水，用生石灰对虾沟彻底消毒，用量75千克/亩，既能杀灭水中的敌害和病原生物，又能提高水的酸碱度，还能增加土壤的钙质，也可用漂粉精、茶籽饼消毒。3～5天待药物毒性消失以后，注入经80目筛绢过滤的清洁水0.6～0.8米，水中施放充分腐熟的粪肥，培养浮游生物，用量为300～500千克/亩。还要在虾沟和虾池中移栽好水生植物，如沉水植物光果黑藻、空心莲子草等。

2. 虾种放养

稻田养对虾，宜在秧苗栽插前后放养。放养淡化虾苗，密度为每亩虾沟可放1.5万～2万尾；放养2.5～3厘米大规格虾种，密度为每亩虾沟可放1.5万～2万尾。要求苗种规格整齐，体质健壮，体色光亮无附着物，附肢齐全，无伤无病无残。放养选择天气晴朗、无风或微风的早晨或傍晚或阴雨天放苗，避免阳光直射。放养时注意前后温差不能大于2℃。苗种要多点投放，全虾沟都放到，使苗种在虾沟内均匀分布。

3. 饲养管理

稻田养南美白对虾，可以用配合饲料全程投喂，也可投喂鲜活的动植物饵料，以动物性饵料为主，如小杂鱼肉、螺蚌肉、蚯蚓及其它动物性饵料，占60%以上，植物性饵料为辅。以配合饲料投喂，日投饲量占虾总体重的2%～3%；以动物性鲜活饵料投喂，日投饲量占虾体重的6%～8%，每天喂两次，早8时和晚6时，以傍晚为主，占日投饲量的2/3。生长盛期，加喂麸皮、豆饼、青糠及植物嫩茎叶等植物性饵料。投喂量还要根据天气、水质和虾的摄食、活动情况做出适时调整，提高饵料报酬，降低水质污染压力。

养殖期间，保持虾池水质良好，溶氧4毫克/升以上，pH7～8.5，氨氮等指标符合养殖用水要求。一般7～10天换水一次，每次换水1/3，发现水质变坏，及时换水。处理好稻田晒田、施药、施肥和养虾的关系。在稻田晒田前，缓慢放水，使虾集中到虾沟中，田干而沟满水，晒田结束，立即注水，使虾进入稻田觅食。稻田施药尽量选择高效无毒或低毒的农药，尽量喷洒到水稻茎叶上，避免直接落入水中，喷洒结束，立即换水，降低对虾的危害。

4. 捕捞

稻田养殖的对虾，一般在水稻收割后起捕，方法同池塘养殖捕虾。先下虾笼，再拉网或抄网网捕，最后干塘起捕。

第七章 河蟹的养殖

河蟹是我国传统的养殖水产品。俗话说"河蟹上席百味淡",李白有诗云:"蟹螯即金液,糟丘是蓬莱"。可见河蟹深受我国人民喜爱已有1000多年的历史了。1949年后,河蟹养殖迅速发展。20世纪70年代开始蟹苗的人工放流,1980年河蟹人工繁殖技术通过中试鉴定,达到国际先进水平。之后河蟹养殖和放流进入快车道,开始规模化养殖。2015~2020年,我国河蟹养殖年产量在75万吨左右,2020年产量为77.59万吨。其中江苏为产河蟹第一大省,创造出了"阳澄湖"这一享誉全国的优秀品牌。其次,安徽、湖北、江西、辽宁、山东等省份,河蟹养殖也颇具规模。

第一节 河蟹的生物学特性

一、分类地位与分布

河蟹,学名中华绒螯蟹(*Eriocheir sinensis*),又称毛蟹、大闸蟹、清水蟹等。隶属于节肢动物门(Arthropoda),软甲纲(Malacostraca),十足目(Decapoda),腹胚亚目(Pleocyemata)，短尾下目（Brachyura）、弓蟹科（Varunidae）、绒螯蟹属（Eriocheir）。我国有800多种蟹，其中绒螯蟹属5种，人工养殖的只有中华绒螯蟹和合浦绒螯蟹（E. hepuensis），而中华绒螯蟹是我国经济价值最高的一种淡水蟹，从鸭绿江口到珠江口，南北各水系均有分布。国外也有，整个欧洲北部平原几乎都有分布，北美也有发现。

二、形态特征

河蟹背面呈墨绿色，腹部为灰白色。身体分20节，头部5节，胸部8节，腹部7节，除最后一节外，每节具一对附肢。头部和胸部愈合在一起，称头胸部，因此，河蟹身体主要由头胸部和腹部组成。

头胸部扁平，外覆坚硬的圆方形头胸甲。头胸甲表面凹凸不平，由凸起分成许多区域，与内部器官的位置一致，即胃区、心区、肠区、肝区、鳃区。头胸甲边缘从前往后可分为额缘、眼缘、前侧缘、后侧缘和后缘。河蟹前侧缘平直，有4枚额齿，额宽不超过头胸甲宽度的1/3；前侧缘两边各具4枚齿，这些齿的位置和数目都是分类的依据。河蟹腹部退化，扁平，曲折紧贴于头胸甲下，称为"脐"。雌蟹腹部呈圆形，称团脐；雄蟹腹部呈三角形，称尖脐。腹部四周密生绒毛。

河蟹头部5对附肢，为第一触角、第二触角、大颚、第一小颚和第二小颚；胸部8对附肢，前三对为颚足，后五对是步足。大颚、第一小颚、第二小颚和颚足共同组成口器，用来磨碎食物。第一步足粗壮、长大、有力，其掌节密生绒毛，指节内侧有锯齿，因此称螯足，是摄食、掘穴、御敌的主要工具，绒螯蟹由此得名。后4对步足用于爬行，其前后缘均长有刚毛，有助于游泳。河蟹腹肢多已退化。雌蟹具4对腹肢，生于第二到第五腹节上，双肢型，内外肢均生有长刚毛，用于黏卵；雄蟹仅有前两对腹肢，特化为交接器。

两性交接孔，雌蟹1对，开口于第三节腹甲上；雄蟹1对，呈锥形凸起，开口于第五节腹甲上。

三、生活习性

河蟹生长生活在淡水河流、湖泊和水库中，却要到河口附近的浅海中繁殖幼体，而后幼蟹又要历经千辛万苦回到淡水水域生长发育，这就是河蟹的生殖洄游和索饵洄游。河蟹的一生就在这两次洄游中度过4个发育阶段：溞状幼体期、大眼幼体期、幼蟹期和成蟹期。溞状幼体和大眼幼体营浮游生活，具较强的趋光性；幼蟹和成蟹营底栖生活。

淡水中生活的河蟹喜欢在河流、湖泊、水库、池塘及稻田的泥岸或泥滩上打洞穴居，也喜隐蔽在水底的石块、瓦砾和水草丛中。其胆小喜静，多昼伏夜出，靠视觉觅食和避敌。河蟹在夜晚具有较强的趋光性，很多人利用河蟹的这一特性进行夜捕。河蟹性喜厮杀争斗，当打斗中被敌害咬住附肢后，能自动断肢逃逸，既可防止流血，又能再次生出新肢。

河蟹生存水温范围广，为 $0 \sim 33℃$。水温 $10℃$ 以上就可摄食，$20 \sim 28℃$ 时，摄食旺盛，$5 \sim 6℃$ 停食。北方冬季，河蟹在洞穴中可安然越冬。

河蟹成蟹在淡水中生长生活，繁殖时却要到半咸水的河口地区，其性腺的最终发育成熟、交配和产卵都需要一定盐度的半咸水或海水刺激，盐度范围 $1.6\% \sim 3\%$。其幼体变态发育也需要有一定盐度的半咸水或海水，在 $0.8\% \sim 3.3\%$ 范围内均能完成变态。

四、食性

河蟹在不同发育阶段，食性略有不同。溞状幼体期初期食性偏植物性,主要摄食浮游植物;随着生长发育,食性逐渐偏动物性,摄食浮游动物和小型底栖动物;幼蟹期和成蟹喜食鱼虾、螺蚌肉、畜禽血、屠宰下脚料、水生昆虫等,尤其喜欢食腐臭的动物尸体,也食植物的茎叶、种子。

河蟹白天隐藏,夜晚觅食。水温10℃以上就可摄食,20~28℃时,摄食旺盛,水温超过30℃或低于10℃摄食量大减,水温低于6℃停食。6~9月是河蟹生长旺盛期。饵料不足,河蟹会为争夺饵料自相残杀,这也是养殖过程中多放水草的原因。抱卵期间,投喂不足,河蟹会取食卵块。

五、繁殖习性

河蟹的繁殖是通过生殖洄游来完成的。俗话说"西风响,蟹脚痒"。在秋冬之交至立冬期间,西风阵阵,生活在河流、湖泊中的成蟹开始爬出洞穴,成群结队浩浩荡荡地沿江河而下,游向大海。这时的成蟹在淡水中生活了6~18个月,雌蟹脐部已长圆,其面积占腹甲面积越来越大,腹甲边缘长满了较长的绒毛;雄蟹甲壳已呈墨绿色,螯足和步足刚健有力,螯足上绒毛既密且长。掀开腹甲,交接器呈瓷白色,十分坚硬。这种性成熟的蟹称为绿蟹,只有极少数个体还处于性成熟前期,背甲微微棕黄色,这种蟹叫黄蟹。黄蟹会在洄游过程中完成最后一次蜕壳,变成绿蟹。

河蟹的生殖洄游时间大致在每年的8~12月,其交配产卵时间在12月至翌年3月,产卵旺盛期在2月前后。性成熟河蟹交配产卵要求温度和盐度范围较广。只要水温在8℃以上,盐度在0.8‰~3.3‰之间,都可顺利交配产卵。

河蟹是硬壳交配,即交配前无需生殖蜕壳,并有多次重复交配现象,每次交配历时几分钟到几小时。交配时,雌雄紧抱,称为"抱对"。交配后约经12小时,雌蟹开始产卵。受精卵黏附在雌蟹腹肢上,这时的雌蟹称为"抱卵蟹"。雌蟹抱卵量与亲蟹大小有关。50 克以下的亲蟹,抱卵数约在数万粒;100~200 克体重的雌蟹,一次抱卵 30 万~50 万粒,甚至可达 80 万~90 万粒;200 克以上的雌蟹,抱卵量可达百余万粒。第二次、第三次产卵量逐渐减少,卵径相对也减小。

抱卵期间,抱卵蟹腹部不断煽动,腹肢也不断划动水流,以使受精卵获得充足的氧气。在天然水域,由于抱卵蟹所处海水水温低,受精卵经 3~4 个月才能孵出幼体。在人工育苗过程中,可以通过控制水温,缩短受精卵孵化时间。在 10~15℃水温中,孵化需 40 天左右;在 15~20℃水温中,需 30 天左右;在 20~25℃水温中,孵化约需 15 天。

六、蜕壳与生长

河蟹的一生总是伴随着蜕皮、蜕壳,其一生要经过 14~15 次蜕壳才能达到性成熟。刚刚从受精卵孵化出的河蟹幼体称为溞状幼体,其身体形态与成蟹完全不同,与水蚤相似,因而得名。溞状幼体游泳能力很弱,营浮游生活,具强烈的趋光性。喜食浮游植物。溞状幼体经过 5 次蜕壳变成大眼幼体。

大眼幼体显著外形特点是眼柄很长,复眼生在柄的末端,露出于头胸甲前端两侧,因而得名。大眼幼体活动能力已很强,既能自由游泳,又能水底爬动,有了更强烈的趋光性和溯河性,已能适应淡水生活,开始了由海水向淡水的索饵洄游。大眼幼体食性杂,偏动物性,摄食能力强,能捕食比自身大的浮游动物、底栖昆虫幼体。大眼幼体经 5 次蜕壳即变成Ⅰ期幼蟹。

幼蟹外形已经接近成蟹,活动能力也近似成蟹,尤其在攀爬时,即使光滑的水泥壁也能迅速爬动。幼蟹食性为杂食偏动物性,喜食小鱼虾、螺肉、蚌肉、水生小动物尸体、畜禽血、屠宰场下脚料等，植物性饵料有各种水陆生草的茎叶、小麦、玉米、豆饼、豆粕、豆渣、菜籽饼及各类蔬菜、谷类等。幼蟹经 5 次蜕壳变成成蟹。此时的成蟹还处于性成熟前期，背甲微微棕黄色，这种蟹叫黄蟹。黄蟹再经 3～4 次蜕壳变成性成熟的绿蟹。

河蟹变成绿蟹，在完成繁殖使命后就会迅速走向衰老、死亡。即当年性成熟的河蟹，第二年产卵受精后成体即死亡，一生只有不到两年的寿命。即使不下海留在淡水中的绿蟹，也会由于体内渗透压过高，而不能适应淡水的低渗透压环境，蜕壳不遂而死亡。留在淡水中的黄蟹，由于尚未达到性成熟，体内渗透压较低，还可生活一段时间，有的能活长达四五年，体重达到 250 克以上。

第二节　河蟹的人工繁殖和育苗

一、河蟹的人工繁殖

1. 河蟹繁殖的最佳条件

（1）盐度　河蟹繁殖对盐度适应范围很广，在 0.8‰～3.3‰之间，都可顺利交配产卵。据试验，盐度在 1.6‰左右抱卵蟹孵化率最高。

（2）温度　河蟹繁殖对水温适应范围也很广，产卵、孵化和幼体培育最适水温略有不同，分别是 10～15℃、15～20℃、20～25℃。

（3）水质　水质好坏是育苗成败的关键。要求水质指标：溶氧 4 毫克/升以上，pH7.5～8.5，各种理化指标符合海水养殖水质标准。

(4) 水流条件　水流速度适宜,应在 2 米/秒左右。

(5) 光照　成熟河蟹开始洄游,有趋光性,但其交配产卵在夜间;抱卵蟹多伏于隐蔽处;溞状幼体和大眼幼体有较强趋光性,但也怕直射光。因此绝对的黑暗环境影响河蟹的繁殖,人工繁殖条件下,要有微光。

(6) 饵料　人工繁殖各个时期的饵料投喂是十分重要的。亲蟹培育和抱卵蟹抱卵期间要求营养全面,投喂充足,否则亲蟹怀卵量小,抱卵蟹营养不足或感到饥饿时,会吞食卵块。在幼体培育阶段,要以施肥培育天然饵料为主,辅以蛋羹、鱼糜、豆浆等人工饵料。

2. 育苗设施的建造和准备

目前河蟹育苗方式主要有三种:天然海水工厂化育苗、人工半咸水育苗和天然海水土池育苗。

(1) 天然海水工厂化育苗设施

① 场址选择。工厂化育苗场要选择在海水淡水资源丰富、电力充足、交通方便的地方。海水盐度 1.5‰～3‰均可,海水来自海洋,淡水可以是井水或清洁的河水、水库水等。

② 育苗场建设。育苗场多建砖墙、玻璃钢顶厂房,长方形,坐北朝南,东西走向,适当留有南北面窗户,通风良好。房内成排建水泥池或布设玻璃钢鱼缸。池子面积 20～30 米^{2}为宜,水深 1.5～2 米。池底平坦,向排水口有 2°～4°的倾斜。每个池子或缸要有独立的进排水口,排水口外侧设计一个 1 平方米左右的低位池,为排水通道兼做集苗池,比育苗池低 40～50 厘米。室内安排好总进水管和排水渠道。

③ 供水系统。供水系统包括海水和淡水两大部分,每一部分都能独立供水。

海水系统包括提水泵、蓄水池兼沉淀池、过滤系统、输水管道等部分。一级提水泵功率要大一些,有一定的储备量,以

24小时灌满蓄水池为宜。二、三级提水可用潜水泵。蓄水池要有两口以上,室外土池要大,蓄水量是育苗水体的10~15倍;二级沉淀池用水泥池、土池均可,容水量为育苗水体的3~5倍;高位配水池和预热池可以合二为一,池上加盖,有加热功能,以自流供水。容水量为育苗水体的30%~50%。过滤系统有多种选择,可用陶瓷过滤罐、生物过滤池、砂滤器等。最简单的处理是经数小时沉淀,再经150目筛绢或菜瓜布袋或造纸毡袋过滤即可。输水管道多采用无毒工程塑料管道和阀门。管道直径5~15厘米,不同级别的输水选用管径不同。

淡水系统:可打深井,配备水泥池,储水量是育苗水体的50%。如用地表水,也要配备水泥池,储水量是育苗水体的5~7倍。

④ 加温系统。包括锅炉和送热管道、散热管,也可以利用地热资源、工厂余热或其他方式供热。

⑤ 供气系统。包括鼓风机、输气管、气泡石、气泡管等。鼓风机一般选用罗茨鼓风机,一般购置两台,一台备用。风压3500~5000毫米水柱,送气量为育苗水体总水面的1%~3%。气泡石配置量为每立方米水体2个,均匀散布水底。

⑥ 发电机组。停电时使用,一般功率为20~50千瓦。

⑦ 饵料培育系统。主要用来培育苗种的天然饵料。如卤虫卵孵化、单细胞藻类、轮虫、桡足类等的培养,卤虫卵的冷藏设施。卤虫卵的孵化多用水泥或玻璃钢的孵化池,每个容积5~15米^3,面积占育苗水体的25%左右。藻类培养,先用三角锥形瓶,再用水泥池扩大培养;也有专用单细胞藻类培育的底部圆锥形的圆柱形袋或亚克力圆柱形缸。轮虫、枝角类、桡足类可以在室外土池培育。

⑧ 分析观察室。配备显微镜、解剖镜、电子天平、便携

式水质分析设备等简易实验设备。

(2) 土池育苗的设施

① 亲蟹培育池。选择靠近海水、淡水水源的池塘，海淡水资源丰富，水质无污染，符合育苗水质要求。池塘长方形，走向与风向垂直，面积 2000 平方米左右，深 1.5～2 米，土池、水泥池均可。池壁结实，有独立的进排水口；池底平坦，最好向排水口有一定的倾斜；进、排水口外口安装铁丝网，内口安装聚乙烯防逃网，防杂物、敌害混入，也防逃。池底多放瓦片、竹筒、无毒塑料（筒状）等隐蔽物。

土池四周需用塑料薄膜、钙塑板、竹箔等设置防逃设施。设置时，先围绕池塘四周、水面上 0.5～1 米处，挖一圈深 30～50 厘米的环沟，并每隔 1～1.5 米打一根高出沟边 50～70 厘米的桩，然后将塑料薄膜沿环沟围好，并紧钉在立桩上，然后环沟回填土，将薄膜下端埋入土中压实，薄膜上缘要高出立桩 10～20 厘米，向内折叠。钙塑板和竹箔不用打桩，直接将其下端插入土中 30 厘米，并稍向内倾斜，地上部分不得少于 30 厘米，板与板间的缝隙要用水泥抹缝。

水泥池的防逃设施，可在水泥池壁顶端沿围墙用木棒撑起一圈宽 20～50 厘米的网，并向内倾斜，网顶缝上一圈 10～20 厘米宽的塑料薄膜，一边与网相连，一边自然下垂即可。也可以直接在水泥墙壁顶端垂直池壁抹出 15 厘米宽的防逃檐。

② 孵化池。孵化池以水泥池为好。面积 10～25 米^2，水深保持在 60 厘米左右，防逃设施、进排水口设置均如亲蟹池。池内多放瓦片、无毒塑料（筒状）、竹筒、水草等，方便抱卵蟹隐蔽。

③ 幼体培育池。水泥池、土池均可，以石壁土池最好，池壁垂直，防止幼体因水位变动搁浅而死。面积 0.5～1 亩，

以方便管理为宜,水深1米左右,池形长方形或椭圆形。进排水口设置同亲蟹池。

所有池子使用前都要用生石灰或漂白粉、漂粉精彻底消毒,注入过滤水备用。

3. 亲蟹的准备

(1) 亲蟹的选择和运输　亲蟹来源于自然水域捕捞的天然成蟹和人工养殖的成蟹,最好选择长江水系的中华绒螯蟹。不同水系的河蟹主要生物学差异见表7-1。选购一般在10月下旬至11月中旬,选择标准是体重规格100克以上,具有长江蟹"金爪黄毛、青壳白肚、四肢较长"的特点,性成熟度好,雄性交接器已瓷化,坚硬而有光泽;雌蟹主要性征表现为在脐部已经长圆,脐部与腹甲相接处密生绒毛。为保证育苗质量,雌雄选留比例(2～3):1(雌雄鉴别见表7-2)。最好雌、雄亲蟹来源、产地不同,避免生产性状退化。

表7-1　不同水系河蟹生物学特征差异

项目	长江水系	瓯江水系	辽河水系
头胸甲形状	不规则椭圆形,体薄	近似圆方形,体薄	圆方形,体厚
背甲颜色	青绿,淡绿色	灰绿,黄绿色	青黑,黄黑色
腹部颜色	银白色	灰黄,灰白色	灰黄,灰白色
步足与刚毛	螯足青绿色,步足修长,刚毛稀短,色淡黄或黄红色,第四步足指节窄而细长	步足为青黑色,步足刚毛细少黄,第四步足指节短扁宽	步足青灰色,相对粗壮短,刚毛粗壮浓密
额齿与侧齿	额齿大而尖锐,中央缺刻深,第四侧齿尖锐	额齿不如长江蟹尖锐,第四侧齿不太明显	似长江蟹

续表

项目	长江水系	瓯江水系	辽河水系
疣状突	6个均明显	前4个疣状突明显，后面2个胃叶明显退化	似长江蟹
耐低温	蟹种冬季活力正常	似长江蟹	在华东地区蟹种冬季活动能力明显优于长江蟹
洄游性	洄游习性明显，10~11月形成蟹汛	洄游习性不太明显，11~翌年1月零星出现	洄游习性明显，8月已发现开始洄游

亲蟹运输时，可平放入湿蒲包（蒲苇编成的包，用水打湿）或40目聚乙烯网布袋扎牢运输；也可用集装箱或蟹苗箱运输，箱内放湿润的水草，上面散放入一层亲蟹，再铺一层水草。数个箱子叠放在一起，捆紧，装车运输。运输时经常用海水喷洒，保持湿润。途中减少震荡，避免风吹、雨淋、日晒。

表 7-2　河蟹的雌雄鉴别

性别	蟹脐	螯足	腹肢
雄蟹	三角形	比较粗大，螯足上绒毛稠密	腹肢两对，特化为交接器，着生于第一、第二腹节上
雌蟹	圆形（6毫米以下幼蟹呈三角形）	螯足较小，绒毛比较稀疏	腹肢四对，着生于第二到第五腹节上，双肢型，内外肢上均生刚毛，用于附卵

（2）亲蟹的培养　亲蟹培养要雌蟹、雄蟹分开养殖。方式有：室外土池培育、室内水泥池培育和笼养。土池、水泥池使用前都要消毒，使用水要过滤，池底要放瓦片、无毒塑料（筒

状)、竹筒、水草等隐蔽物。土池放养密度 2~3 只/米^2；室内水泥池放养密度 10~15 只/米^2；笼养，竹笼腰直径 60 厘米，长 40 厘米，每笼放 10~15 只，竹笼吊在水中。

培养期间，投饵要量足质优，饵料包括小鱼虾、咸带鱼、螺蚌肉、玉米、小麦、豆饼等。水温 10℃ 左右时，日投饵量为亲蟹总重的 2%~3%，动物性饵料占 60%。随着水温升高，日投饵率逐渐增加。

培养期间，水位保持 0.7~1 米，水质良好，水泥池溶氧 5 毫克/升以上，土池溶氧 4 毫克/升以上，每天定时检测各项水质指标，保证符合养殖海淡水水质要求。土池每周换水 2~3 次，水泥池每天换水，换水前先排污，每次换水 1/3。

4. 人工促熟

河蟹的自然交配旺期是每年的 12 月中旬至翌年的 3 月份。就人工繁殖而言，江浙一带利用自然水温人工繁殖育苗，常把促产时间安排在翌年 3 月中上旬；北方一些地区则把促产时间安排在秋季。还有一些地区为了得到早繁幼苗，以便利用人工综合控温措施当年将蟹苗育成商品蟹，把促产时间安排在 1~2 月份。

为提高亲蟹的交配率、抱卵率、产卵率，在交配前需要对亲蟹进行强化培育，促进性腺进一步发育，除做好饲养管理外，常进行促产。促产交配的水温应控制在 10℃ 以上，水温过低雌蟹活力不强，不利于受精卵黏附于刚毛，容易"流产"。亲蟹在盐度范围 0.8%~3.3% 内都能生长良好，交配正常。但实验证明盐度在 1.6% 左右，为亲蟹交配的最适盐度。

人工促产的方法有以下两种。

(1) 淡水暂养后半咸水促熟　将雌雄亲蟹分养在淡水中，在交配前加入少量的海水，以一定的盐度刺激蟹性腺成熟，一般盐度在 0.08%~0.15%，水温控制在 10~22℃，几天后再继续加海水,能取得较好效果。如果准备提前搞"早繁"苗,此过程应相应提前。

(2) 直接咸水促熟 将 10 月上中旬选购的亲蟹直接放入海水池中,让河蟹在池中暂养并自然交配,等水温降到 7~8℃时,将雄蟹捕出,留下抱卵蟹待用。此种方法常在没有淡水或缺乏淡水的地方使用。此法适合早繁。

5. 交配

人工育苗过程中,促使亲蟹交配的方法如下。

(1) 笼养法 将选好的亲蟹按雌、雄比例 2∶1 或 3∶1,放入竹笼,密度为每笼 20 只,然后将竹笼吊于海水或人工半咸水中,在 10~20℃ 水温时,半个月雌蟹基本能抱卵。

(2) 散养法 生产中多用幼体培育池,交配后操作方便,无需转池,只是要在产卵后,根据幼体培育池要求的育苗密度调整抱卵蟹密度。散养池要保持海水或半咸水,水深 1 米左右,水温 10~15℃,按雌、雄比例 2∶1 或 3∶1 放入亲蟹,密度每平方米 3~4 只,第二天即可见亲蟹抱对产卵,一般半月后雌蟹可全部产完。

交配产卵后,雄蟹要捕出,以免继续纠缠雌蟹,造成伤亡。这时的雌蟹则要怀抱成千上万的受精卵(因此又叫抱卵蟹)开始漫长的孵化过程了。

6. 抱卵蟹的培育与受精卵孵化

从人工育苗的生产要求来看,不宜过早进行海水促产,应先让蟹在淡水中越冬,待至翌年 3 月上旬(惊蛰前后)再行交配,这样既可缩短抱卵蟹的饲养时间,又可避免寒潮的影响。但工厂化育苗往往要生产早繁苗,因此生产安排较早。

抱卵蟹的饲养过程,同时也是受精卵的孵化过程,生产上称之为"孵幼"。抱卵蟹的培育有室外土池培育和室内加温培育两种。

(1) 室外土池培育　池塘条件和亲蟹培育相似,放养前要清塘,待药性消失后放养,密度为 2～4 只/米^2,水深 1.5～1.8 米,北方地区池水应适当加深。另外要保持水质的清新和充足的溶氧,要经常换水,每次加 1/3～2/3。在室外低温条件下培育抱卵蟹可延迟溞状幼体的出膜期,可使胚胎发育长达 4～5 个月。

合理投饵是抱卵蟹管理的关键。这时的投饵要掌握"质好、量大"的原则,多以鱼、虾、蚕蛹、蚬肉、蚌肉等动物性饵料为主,营养要全面,一定要让抱卵蟹吃饱、吃好。否则,抱卵蟹感到饥饿时,就会吞食卵块充饥,影响孵化率。

在整个孵化期间,要管理好孵化用水。因为抱卵蟹摄食量大,新陈代谢旺盛,排泄多,池水易恶化。因此要每隔 3～7 天换一次水,换水时要事先准备好与原孵化池池水相同盐度、相同温度的海水或人工半咸水,严禁盐度、温度大幅骤升或骤降。每次换水量为池水的一半左右。用笼养法促产的,最好进行倒池。即将抱卵蟹笼提出,转入另外一池相同盐度、温度的水中,使之完全生活在清新的水质环境中,保证有足够的溶氧,提高孵化率。

(2) 室内控温培育　为适应多批次育苗、早育苗的需要,将抱卵蟹移入温室逐步加温培育,使其能在计划日期出苗。多用室内水泥池进行,也可用大棚土池培育。放养密度为 8～15 只/米^2。

育苗期间,育苗池筑人工蟹巢,注意光线不要过强,适当遮光;逐渐升温,抱卵蟹刚入池时,一般室外水温在 8～12℃,移入室内时在同温度下暂养 2～3 天,待其适应新环境后开始逐步提高水温,每天升温 0.5～1℃,最后水温保持在 16～18℃。

升温后要不间断送气,保证水中溶氧在 5.5 毫克/升以上。

注意投喂新鲜的动物性饵料,为保证营养全面,应注意饵料的多样性,每天早晚各投喂一次,投饵率 1.5%~3%,要定点投喂,以便清除残饵。

要保证水质清新,每天换水一次,每次换水 50%~80%,换水时前后水温要一致;2~3 天清底一次,清除污物和残饵。

(3) 人工繁殖的几种方案 天然水域中的河蟹是在每年的 12 月份至翌年 3 月份间交配产卵。抱卵后,由于此时自然水温很低,因此抱卵蟹要经过 3~4 个月的漫长孵化,才能孵出幼体,而在人工条件下,受精卵的孵化则不必这么长时间,一般 15~20℃水温时,只需 20 天即可完成胚胎发育,23~25℃水温时,则需 15 天左右。可见河蟹受精卵的孵化时间长短主要取决于水温。根据这一生理特性,依照各地的不同条件,我们可以制定不同的人工繁殖方案。

① 春季促产。我国大部分地区的人工促产时间是在春季。在此之前,在低温条件下将雌、雄亲蟹在淡水环境中分池饲养,至翌年春季,水温回升至 10℃以上时,将雌、雄亲蟹按 2∶1 的比例放入已注满海水或人工半咸水的幼体培育池中,进行抱对产卵。经半月后,雌蟹基本抱卵,这时水温也回升至 15~20℃。将雄蟹捞出,按前面所讲精心饲养抱卵蟹,大约 20 天,即可孵出幼体。

然而有学者认为,河蟹的春季促产不如秋冬季交配,其孵化率要比秋冬季低 5%~10%。

② 秋季促产。即秋季室内促产、室外越冬、翌年春季孵化。将雌、雄亲蟹培育至 11 月中旬左右,移入室内培育池。保持水温在 10℃以上时,按雌、雄比例 2∶1 将亲蟹放入海水或人工半咸水中促产交配。雌蟹抱卵后,将抱卵蟹移到室外越冬池中越冬,此时室外水温较低,蟹卵胚胎发育停止。但不必

第七章 河蟹的养殖

担心,即使在-1.8℃的低温也不会冻死胚胎。只待来年冰雪消融,气温回升至10℃以上时,胚胎可照常发育,孵出幼体。注意,室外越冬池也要使用与交配时同一盐度海水或人工半咸水。

如果没有增温设施,整个冬天室内的水温会保持在10℃以下,蟹卵如果在室内越冬,会造成许多麻烦。室内产卵、室外越冬这种方法,可避免抱卵蟹在室内越冬因温度较高、密度大带来的管理上的麻烦,如投饲、换水、充气增氧等。而且室内长期偏高的积温,还会使卵子胚胎发育过早、过快,容易感染细菌和疾病,影响孵化率。室内促产、室外越冬多用于北方一些无人工增温措施、春季气温又回升慢的地区。

③ 早繁蟹苗的孵化。我国北方一些地区,尽管年生长期短,但也可以一年内将蟹苗饲养到商品规格。实现这种计划的首要条件就是要有早繁蟹苗。而要孵化出早繁蟹苗必须要有人工增温措施。

具有人工增温措施的单位,在河蟹促产孵化的时间上有很大自由度。一般来说,在北方要在一年时间内养成商品蟹,应制定这样的计划:3月份,在温室或塑料大棚内放养早繁蟹苗,养至5月中上旬出棚幼蟹,规格在每千克1000~2000只;然后在室外池塘中放养,当年养成100克以上的商品蟹。根据这个计划,在3月份就要将溞状幼体培育成大眼幼体,而在25℃左右水温中将溞状幼体培育成大眼幼体只需11~12天。即要在2月中下旬孵化出溞状幼体,那么促产的时间只需提前到1月中下旬,育苗前20天左右即可。

具体方法是:在亲蟹培育中,当室外水温快降到10℃以下时,将亲蟹移入温室中雌、雄分养,并保持水温10~13℃之间。在1月初开始缓慢升高水温(注意,每天升高幅度要在2℃以内),至1月中下旬,水温稳定在15~20℃时,可将亲蟹按雌、雄比例2∶1,放入海水或人工半咸水中促产。待雌蟹基本抱卵后,捕出雌蟹,开始孵化。孵化期间管理如上所述。大约经20天,即在2月中旬,便可孵出溞状幼体。然后捕出雌蟹,溞状幼体分池培育。培育期间,从第三天起开始逐天升温,每天升高2℃(早晚各1℃),直至25℃。在溞状幼体培育期到大眼幼体期间,培育水温维持在25℃左右。

也可以提前在秋冬促产,抱卵蟹在10℃以下水温中暂养至2月初,再逐渐升高水温至15～20℃,稳定住,使胚胎开始发育。另外,也可以采用温度控制的方法,使亲蟹同时促产,分批孵化。即在抱卵蟹较多的情况下,使一部分抱卵蟹先孵化,而另一部分则在低温控制下停止胚胎发育。至第一批溞状幼体孵出后,再逐渐升温,使第二批开始胚胎发育。

以上的几种孵化方案,各地可根据本地的具体条件选择实施。在实行期间,孵化用水除配制与促产浓度相同的半咸水外,要用50毫克/升的漂白粉消毒,毒性消失后再使用。

7. 孵后亲蟹的饲养管理

河蟹在一个生殖季节中可多次产卵。因此在生产中第二次育苗仍可用第一次使用的亲蟹。当抱卵蟹孵化出第一批幼体后,不久即用螯足交替伸向腹部。清除附着在腹肢刚毛上的卵壳,为第二次产卵做好准备,待第二批溞状幼体孵出后,它又会重复以上的动作,整理好腹肢,为第三次产卵做准备,因此对孵卵后的雌蟹,应根据育苗生产的安排,在两次产卵之间,及时将其放入海水中认真饲养。

饲养期间,水温较高,水质容易恶化,必须经常换水,严防缺氧。还要加强投饵,保证满足雌蟹的摄食需要。尤其要注意池水不宜太浅,水温不可超过27℃。另外,对于蟹体上附生的藻类或聚缩虫等,可用10毫克/升制霉菌素或阿维菌素浸泡半小时左右杀灭蟹体上的虫害。

二、河蟹的幼体培育

河蟹养殖是分段养殖，幼体培育或蟹苗培育是指将初孵的溞状幼体育成大眼幼体（蟹苗）的阶段，简称育苗；蟹种培育分将蟹苗养成仔蟹（仔蟹培育）和仔蟹育成幼蟹（幼蟹培育）两个阶段。

河蟹的孵化多在幼体培育池中进行，这样可避免幼体孵出后倒池的麻烦，提高幼体成活率。目前，常见的育苗方式有工厂化育苗和土池育苗。

1. 工厂化育苗

（1）溞状幼体的布苗　在水温20～22℃，河蟹受精卵18～25天即可破膜而出。当卵粒变得透明，出现眼点，心脏开始跳动，进入原溞状幼体阶段时，一天内就可排幼，此时应将抱卵蟹移入育苗池内。

① 育苗池的准备。育苗池事先要用高锰酸钾或漂白粉进行彻底消毒，然后加入经过滤的海水，加热池水，使之与抱卵蟹培育池水温一致。

如果池水水质较瘦，需要施肥肥水。方法是施尿素或硝酸钾0.2～0.4毫克/升，磷酸二氢钾0.5毫克/升。还可以用另外的设施培养单细胞藻类（尤其是溞状幼体喜食的三角褐指藻），补入培育池，使单细胞藻类密度达15万～20万个/升。

② 布幼的方法。一般采用挂笼排幼法，即将抱卵蟹放入蟹笼中，将蟹笼吊挂在培育池池水中。蟹笼用竹子或塑料制成，每个笼放抱卵蟹10～20只，或按每平方米2～3只蟹计算。要求同一池中的抱卵蟹发育同步，排幼同步，应在同一天完成孵化，避免"几代同堂"的情况出现，造成自相残杀，影响成活率。抱卵蟹布苗前用制霉菌素药浴。

③ 布幼密度。布幼密度各地差别较大，依水质条件、饵

料基础、技术水平不同而不同，但密度不超过 40 万只/米³，一般厂家多将密度控制在 15 万～25 万只/米³。

(2) 幼体培育　工厂化培育蟹苗，一般在水温 20～22℃ 时进行，需 18～22 天。培育期间主要工作如下。

① 投饵。蟹苗培育阶段主要采用鲜活的天然饵料，包括单细胞藻类（尤其蟹苗喜食的三角褐指藻）、轮虫、沙蚕幼体、卤虫或丰年虫无节幼体等。轮虫营养丰富，个体大小适中，是蟹苗良好的开口饵料；卤虫或丰年虫无节幼体是后期不可缺少的活饵料。如果鲜活饵料准备不足，可以投喂代用饵料，如微囊饲料、豆浆、蛋黄、蛋羹、白蛤肉浆、鱼糜浆等。但代用饵料容易污染水，只能作为辅助性饵料。

Ⅰ期溞状幼体，刚出膜时主要靠卵黄提供营养，孵出 4 小时左右即可摄食，因此及时补充可口的开口饵料，是提高河蟹育苗成活率的关键措施之一。常用的开口饵料是单细胞藻类（尤其溞状幼体喜食的三角褐指藻）加轮虫，还可投喂丰年虫无节幼体、光合细菌或代用饵料（蛋黄、螺旋藻粉、豆浆等）作为补充。每隔 4～6 小时投喂一次，如果清水育苗，每 3～4 小时投喂一次。经 60～75 小时，Ⅰ期溞状幼体蜕壳为Ⅱ期溞状幼体。Ⅱ期溞状幼体的饵料与Ⅰ期相似，投喂量要适当增加。Ⅲ期溞状幼体饵料以丰年虫幼体和轮虫为主，辅以投喂蛋黄和螺旋藻粉，每 3～4 小时投喂一次。Ⅳ期溞状幼体，以动物性饵料为主，摄食较大的丰年虫、小型的桡足类、枝角类和鱼糜等。Ⅴ期溞状幼体，要为大眼幼体期的蜕壳累积营养。要求投喂足够的动物性饲料，如大个丰年虫、桡足类和枝角类。也可辅助投些代用饵料。大眼幼体以投活体的丰年虫成虫、桡足类、枝角类为好，也可使用代用饵料，但注意少量多次，以免水质恶化。

② 水质管理。水质控制是育苗的重要环节，而充气和换

水、吸污是水质控制的有效手段。

氧气的充足供应是育苗的必要条件。池中幼体、活体动物饵料、残饵、蜕的皮及死亡个体、排泄物等会耗氧,育苗过程中要求最低溶氧不低于4毫克/升。

不同发育时期,换水的次数和量不同,多采用分阶段管理法。溞状幼体Ⅰ、Ⅱ期只加水不换水。由于刚刚入池,残饵和幼体排泄物少,每天只要加一点水,逐步抬高水位,在Ⅲ期前达到最高水位即可;溞状幼体Ⅲ、Ⅳ、Ⅴ期,每天换水,逐渐增大换水量。由于蟹苗的粪便、蜕的皮、残饵在水中大量积累,为保持水质良好,需每天定时换水,Ⅲ期每天换水1次,日换水量1/4;Ⅳ期时每天换水1~2次,日换水量1/3~1/2;Ⅴ期每天换水1~2次,日换水量加大到50%~100%;大眼幼体阶段每天换水2~3次,日换水量加大到100%~200%。

换进的水要进行预处理,温度、盐度、pH都要和原池池水相近,以避免环境因子波动较大而影响成活率。

吸污也是改善池水环境的必要手段。换水前先吸污或排污。Ⅲ期以后,各种粪便、蜕的皮、死亡个体、残饵等大量积累在池底,加之池中水温维持在20℃以上,残留物容易在池底腐烂发臭,因此每天需要定时虹吸排污。

如果水质恶化严重,换水和吸污仍然不能解决问题,就必须进行"倒池"。即将池中苗移入另一池中,使水质条件得到根本改善。

③ 温度、盐度控制。育苗的进程和温度密切相关。在适宜的水温范围内,温度高,发育时间短,温度低,会延长出池时间。一般在水温20~25℃时溞状幼体经13~15天变为大眼幼体,水温25~27℃时,需要11~13天。但水温高,幼体发育时间短,蟹苗质量差,被称为"高温苗"。因此育苗期间将温度控制在25℃以下为宜。日温差控制在1~2℃。

幼体对盐度的适应范围很广,在盐度0.8%~3.3%均能顺利完成变态发育。在人工育苗中一般控制在1.8%~2.5%。在海水来源困难的地区可从1.8%的盐度逐步降到1%~1.4%,不能骤降。

④ 防病。河蟹育苗技术在不断进步,但育苗中遇到的病害却越来越多,加之因防治疾病大量用药,又导致了养殖环境的恶化,形成恶性循环。因此预防疾病,从管理入手,改善育苗的生态环境,以防为主,消除病原,合理用药才是绿色养殖的正当之路。

预防蟹苗疾病,应从育苗工作的各环节做起。

a. 育苗池、育苗用水、亲蟹和操作工具的消毒 消毒药物可用高锰酸钾、漂白粉、强氯精(三氯异氰尿酸)等。育苗池进苗前先消毒冲洗;有条件的地方,育苗用水要先过滤、沉淀,再消毒后备用;杜绝从发病严重地区选择亲蟹。在抱卵蟹进入育苗池布幼前可用万分之一的新洁尔灭药浴15~20分钟或其他药品消毒;操作工具如捞海、抄网、测量仪器、气泡石、微泡管等所用到的一切工具,先消毒再冲洗后使用。

b. 布幼密度要合理 不应为了高产出而盲目提高幼体放养密度,应在产量和环境、管理间把握平衡点,确定科学合理的布幼密度。

c. 投饵科学 饵料要求新鲜优质,对鲜活饵料要做好清洗消毒工作,防止带入病原;投喂量应随时按照河蟹不同时期的营养要求、天气情况、水质情况和幼体的发育、摄食情况,做出科学合理的调整。

d. 保持良好水质 保证育苗水体良好的水质是育苗成败的关键,应配备简易水质检测设备,每天定时检测各项水质指标;不同育苗期科学调控水质,及时吸污和换水,也可以使用光合细菌、沸石粉或其他水质改良剂;尝试使用臭氧等消毒和净化池水。

e. 对症下药，合理用药　平时要注意观察幼体活动情况，发现病害及时治疗；不要盲目用药，应准确判断疾病和患病原因，对症下药；不要长期使用一种药品，可选择几种交替使用；也提倡使用一些中草药制剂，尽量减少使用化学药物。

⑤ 蟹苗淡化。幼体蜕变为大眼幼体后就可以进入淡水蟹种池或室外土池进行下一步培育了。但大眼幼体出池前必须淡化，即逐渐加入淡水，使育苗池盐度缓慢下降的过程。一般在溞状幼体90%以上已经变态为大眼幼体后开始，前期每天盐度降0.1%～0.2%，中期每天降0.3%～0.4%，后期每天降0.1%～0.2%。淡化用时4～5天。如果育苗池水温和室外水温有差距，也应该逐步降温达到和外界相一致，直到完全能适应室外淡水生活。

2. 室外土池育苗

(1) 清池消毒　育苗池选择淤泥较少、无边坡（即池壁直立）的土池，以防池水变动时，溞状幼体搁浅而死。育苗前1个月，即亲蟹入池促产前半月，进行清整消毒。清除池底淤泥，洗刷池壁，维修好进排水管道以保证育苗工作顺利进行。然后用杀菌及杀寄生虫药物彻底清池消毒，常用药物有生石灰、漂白粉、福尔马林、孔雀石绿和敌百虫等。

溞状幼体个体小，易受敌害生物攻击。因此培育池除彻底消毒外，所注入的新水也要严格过滤沉淀，防止敌害生物混入，保证抱卵蟹和溞状幼体有一个溶氧丰富、水质清新、敌害生物很少、饵料丰富的水环境。

(2) 确定放养密度　幼体培育的放养密度一般为5万～7万只/米^{2}为宜，最多不要超过10万只。这一放养密度要体现在抱卵蟹的密度上，应采用估算的方法确定。

因为抱卵蟹直接在幼体培育池中促产孵化，孵卵后捞出雌蟹，随即开始育苗。因此要在确定幼体放养量后，落实到抱卵蟹的放养量上，孵卵后不必分池，可直接育苗，提高幼体成活率。估算法首先应估算出抱卵蟹的平均抱卵量，这是通过抽样来确定的。在抱卵群体中抽取大、中、小3个等级的样品，取下卵块称重，按每克卵块1.8万粒卵计算，分别求出3个等级蟹的抱卵量，再取其平均数即为抱卵群体的平均抱卵量。根据幼体培育池的最佳幼体放养密度、平均抱卵量和通常70%的孵化率来推算培育池中应放多少抱卵蟹，并据此调整。

由于幼体出膜时间和数量，是按抱卵蟹所携卵群胚胎发育的程度来推算的，加之同一批抱卵蟹各个体的孵幼时间不一致，少则相差2～3天，多则相差5～6天，因此，如果按抱卵蟹孵幼的计划数把一批抱卵蟹送进培育池去孵幼，那就会造成同一个幼体培育池中，孵幼时间拖得过长，再加之幼体变态有快有慢，其结果就会造成多期幼体同池现象，从而导致培育后期以大吃小，影响幼体成活率和蟹苗产量。所以要求同一培育池的幼体出膜时间在同一天或不要相差一天以上。为此，可将2～3倍于培育池计划投放量的抱卵蟹，集中放于一个培育池中，并每隔2～3小时检查一次幼体出膜情况，待孵出幼体数达到计划放养量时，立即将全部抱卵蟹捞出，移至它池继续孵幼，操作同前，并随时将孵幼结束的母蟹拣出另池饲养。这样既可基本保证同一培育池中的幼体出膜时间在同一天，又可达到计划放养数量的要求。

(3) 饵料　幼体饵料以硅藻、绿藻、轮虫、卤虫为主，也可适当使用部分蛋黄等饵料。Ⅰ期溞状幼体以单细胞藻类为主，Ⅱ～Ⅲ期以喂轮虫为主，Ⅳ、Ⅴ期以卤虫幼体为主，大眼幼体以卤虫成体为主。投喂时饵料应量少次多。生产中多采用以下方法培育。

①"先肥后清"法。幼体孵出前4~5天,向育苗池注入严格沉淀过滤的海水。每亩水深1米施腐熟的粪肥250~300千克,同时接种事先培养好的单细胞藻类,尤其溞状幼体喜食的三角褐指藻。使其大量繁殖,池水呈淡茶褐色。如单细胞藻类繁殖不多,每亩加施豆浆1~1.5千克,此所谓"先肥"。

随着幼体的生长,食性有所改变。这时停止施肥,并事先向池中投入一定丰年虫卵,让其孵化繁殖出大批丰年虫,供幼体摄食,同时逐渐加水或换水,使单细胞藻类减少,水质变清。也可专池饲养丰年虫,定时定量投喂,确保幼体生长发育需要。这是"后清"。

② 盐水丰年虫"先适后足"法。在幼体孵出前1~2天,在培育池中一次性投入适量丰年虫卵,使丰年虫无节幼体与河蟹溞状幼体同时大量孵出,与溞状幼体同时生长,供各期幼体摄食。幼体放养密度为每立方米5万~7万只时,丰年虫卵的投放量初次为每亩1.5~2.5千克(根据丰年虫卵孵化率确定)。在Ⅳ期溞状幼体至大眼幼体的后期阶段,逐日或隔日投足丰年虫或无节幼体(为专池饲养的丰年虫)。

(4) 水质管理　培育用水为海水或人工半咸水。Ⅰ、Ⅱ期溞状幼体一般不换水,即使需要换水也是少量的,以免其受伤,影响成活率。Ⅲ期溞状幼体开始换水,每次换水量为池水的1/4左右。Ⅳ期换水量开始加大,但也不要高于池水的1/2。Ⅴ期幼体和大眼幼体时换水量增加到100%以上,后期幼体要求水质不肥,并且盐度逐步下降,开始淡化。整个培育期间,换水时要用筛绢严格过滤,以防敌害生物混入。

(5) 蟹苗淡化　过程和操作与工厂化育苗相同。

(6) 蟹苗出池　溞状幼体经过5次蜕皮变为大眼幼体后,用网目大小为2毫米的聚乙烯网布制成捞海或大网进行捕捞。白天在池上风一角用捞海搅动池水不断抄捕,晚上利用蟹苗趋光习性,用 100 瓦、200 瓦灯光诱集抄捕。在培育池蟹苗大部分已捕出时,用大拉网拉捕。

第三节 河蟹仔蟹与幼蟹培育

将河蟹由大眼幼体养到幼蟹Ⅳ期或Ⅴ期的过程称仔蟹培育,大约需要 1 个月。将河蟹由幼蟹Ⅳ期或Ⅴ期再培育一段时间,养成规格更大一些的一龄蟹种(100~400 只/千克),即"扣蟹",称为幼蟹培育。培育时间长达 3~5 个月。

生产中,河蟹有一年养成商品蟹和两年养成商品蟹两种生产方式。一年养成商品蟹,必须提早培育蟹种,使用早繁苗,大棚加温进行仔蟹培育,无需幼蟹培育,直接养成成蟹;两年养成商品蟹,无需早繁苗,使用正常培育的大眼幼体,经过仔蟹培育和幼蟹培育,当年养成扣蟹,越冬后进入成蟹池,养至商品蟹。

一、仔蟹培育技术

仔蟹培育常有大棚培育和室外土池培育两种形式。

1. 大棚培育

适合一年养成商品蟹的第一阶段培育。使用早繁的大眼幼体,通过加温设备控温养殖,从 3 月底到 5 月份经过 40~50 天,养成Ⅳ~Ⅴ期幼蟹。

(1)培育池的建造 大棚培育池可以是玻璃钢大棚加水泥池,也可以是土池上加塑料大棚。玻璃钢大棚加水泥池的建设同工厂化育苗场。土池上加塑料大棚建造,应选择水源充足、交通便利、进排水方便、通电、避风、向阳的地方,也可利用旧鱼塘或环沟改造。池子呈长方形,宽 6~10 米,长度可根据

第七章 河蟹的养殖

地形确定，但不宜超过 100 米。池深 1.2~1.5 米，能保水 1 米。池底最好有一定坡度，中间深四周浅。新池的池底、池边要夯实，旧池要清除过多淤泥，以免恶化水质。池子两端建有排水系统，进水口要安一道 40 目的筛网，防逃防敌害，出水口要设置防逃网筛。池子上游要建一个面积三倍于幼蟹培育池的预热池，用于沉淀和预热水。河水和井水要先抽至预热池中经阳光暴晒，经锅炉加温后再注入培育池，使培育池的水温保持在 15℃ 以上。

培育池的塑料大棚骨架材料一般采用毛竹。立柱用直径 6 厘米左右的毛竹，顶架用细竹竿或直径 10 厘米左右的毛竹劈成 4 片的竹片，立柱间用细竹连接加固。塑料薄膜采用 8~10 丝的透明农用薄膜，按棚顶的面积将薄膜熨烫连接成一整片，选择无风天气将塑料薄膜覆盖于大棚顶架上，并绷紧，池四周应将薄膜埋入土中压实。池两端各做一个门，以便通风和操作人员进出。顶棚薄膜要用大目网罩在上面或用铁丝一段一段地固定，以免风把薄膜刮破。大棚搭建的形状可以呈拱形，风大的地方可以搭成斜坡形，北高南低，便于采光。

充气设备一般采用罗茨鼓风机，1.1~2.2 千瓦的风机可供 1~2 亩培育池充气，7.5 千瓦的风机可供 10 亩左右培育池充气。出风口主管道用较粗的塑料管，然后向每池各伸出 2 条支气管。支气管直径 2 厘米左右，且每隔 1 米钻一小孔。支气管固定在距池底 25 厘米的大棚立柱上，池坡水线以上 10~20 厘米，插一圈 20 厘米高的钙塑板或薄膜，防逃及防止幼蟹上岸打洞穴居。

(2) 放苗前的准备　放苗前 15 天，对大棚培育池用 80 毫克/升漂白粉或每亩用 150 千克生石灰彻底消毒。消毒后用过滤后的清水冲洗两遍。放苗前 10 天，进水 50 厘米，然后施基肥。进水要经网筛过滤，防止敌害生物混入。基肥每亩用发酵鸡粪100千克,培育期间还要经常追肥,每次每亩用尿素1千克兑水泼洒肥水,保持透明度30~40厘米。池底要移植苦草、空心莲子草、凤眼莲、光果黑藻等水草或投放浮萍,占全池面积的三分之一,以供幼蟹蜕壳时附着,并净化水质,放苗前一天,要检查充气设施及各种器具是否完好齐备,检查池水毒性是否消失,可用小网箱放几尾小鱼、小虾进行试水,如毒性仍在,宁可推迟放苗。

(3) 蟹苗投放 大棚池水水温稳定在15℃以上,pH7.5~8,溶氧5毫克/升以上时,可以放苗。每亩一般放养15万只/千克左右的大眼幼体5千克。放养的大眼幼体必须是经过淡化的,要求体质健壮、活泼、个体整齐,轻轻推起能很快散开,放在手心感觉爬动有力,蟹苗中不含丰年虫、饵料等杂质污物。蟹苗运输要尽量缩短时间,注意温度、湿度,避免风吹、雨淋。如果是箱运的苗,运来后要放在大棚内,多次用培育池水喷洒后再放,如充氧水运的苗,运到后,将苗袋放入培育池中,一段时间后测量一下,待袋内水温与池水相差在2℃以内时再开袋放苗,放苗后立即向水中充气增氧并注水。

(4) 饵料投喂 大眼幼体刚入池用蛋黄和鱼肉投喂。鱼肉绞成鱼泥,蛋、鱼比例按1:1,80目筛绢过滤,带水泼洒。幼蟹Ⅰ~Ⅱ期,鸡蛋和小杂鱼比例1:2,小杂鱼绞成糊状,60目筛绢过滤饲喂。幼蟹Ⅱ~Ⅲ期,鸡蛋和小杂鱼比例1:3,绞成鱼糜,40目筛绢过滤投喂。Ⅲ~Ⅳ期幼蟹,杂鱼肉绞成鱼糜或水蚤,用40目筛绢过滤投喂。Ⅳ期后小杂鱼绞碎或水蚤直接兑水投喂。另外,还要定时补充一些小麦、玉米、豆饼之类的植物性饵料,可煮熟后绞碎,用筛绢过滤后投喂。投喂时做到,浅塘两边浅水处多投,兑水泼洒要均匀。少食多餐,蟹苗刚入池,一昼夜投喂10~12次,幼蟹Ⅰ~Ⅱ期,每天投喂8次,Ⅱ~Ⅲ期每天投喂6次,Ⅳ期以上每天投喂4次。幼蟹有昼伏夜出的习性，白天少投，夜晚多投，投饵量白天占日投饲量的40%，夜间占60%。日投饲量掌握在蟹苗入池到Ⅰ期幼蟹期间为体重的200%，Ⅱ～Ⅲ期幼蟹为体重的150%，Ⅳ期后为体重的100%。从大眼幼体入池到Ⅴ期幼蟹，平均每7天蜕壳1次，每次蜕壳前2天，当见有个别幼蟹蜕壳，便要及时在饵料中添加蜕皮激素，促进幼蟹壳生长。

（5）日常管理 为提高蟹苗成活率，一定要强化管理，24小时值班，随时注意幼蟹活动、摄食和水质、气温、水温、pH值、溶氧及大棚薄膜安全等，防止各种意外情况发生，要做好以下几项管理措施。

① 换水。放苗初期，可通过添加，使水由50厘米逐步加至1米左右。5天以后开始换水，换水量由15%逐渐增大到后期的50%～100%，换水要在下午的3～5点钟进行，先排后进，换水前后，池水温差不得超过3℃。如水质恶化，要及时大换水。

② 充气。蟹苗下塘后，要不间断地向水中充气，保持水中有充足溶氧。

③ 调温。培育池内的气温、水温，可通过换水和启闭大棚两端的小门来调节。早春中午气温高，夜晚气温低，晴天中午可打开大棚两端小门，让棚内空气流通，晚上要紧闭两端小门，有条件的还可用些增温设备增温。培育蟹种最适水温为18～24℃。

④ 防病。塑料大棚中气温高，空气流通差，河蟹易患各种细菌性和寄生性疾病，因此防病也是培育期提高幼蟹成活率的关键。可以每隔1周左右，每亩水深1米用20千克生石灰全池泼洒一次。如发现死蟹，要立即捞出，请技术人员诊断原因，及时采取补救措施。

（6）幼蟹出池 幼蟹在大棚培育池中可养至Ⅴ期以上，但

Ⅲ期以后就可以出池。具体出池时间，可根据销售和放养情况而定。如果自己放养，待室外水温回升至13℃以上即可出池。幼蟹出池的前两天，要逐步降低水温，待其接近室外水温时，再捕捞出池。捕捞方法有灯光诱捕法、水流刺激法、水草附着法、抄网插捕法、放水张捕法等。

2. 室外土池培育

室外土池培育采用正常时间生产的大眼幼体，适用于两年养成商品蟹的养殖模式。

选用土池面积几百到几千平方米，水深0.7～1米，水源充足，水质良好，交通便利，电力充足，避风向阳。池子堤埂坚固，有独立的进排水口，口内外安装拦鱼网和栏栅，池坡水面上20厘米左右设置防逃设施。放苗前15～20天进行常规消毒，放苗前5～7天，每亩施放充分腐熟的粪肥200～300千克，培养天然饵料。每平方米放养蟹苗1.5～2千克，条件好的可适当增加。

蟹苗要肥水下塘，及时投喂人工饲料，前期用蛋黄和鱼肉投喂。鱼肉绞成鱼泥，蛋、鱼比例1∶1，80目筛绢网过滤，带水泼洒。投饵率为30%～50%。1周后可增加动物性饲料和饼类，混合制成糊状投喂，前期泼洒，后期定点，每日两次，投饵率15%～20%，以傍晚为主，占总量的60%～70%。蟹苗下池时，水深50～60厘米，2～3天加水一次，每次加10～15厘米，直至稳定在1米左右。

二、幼蟹培育技术

不通过加温养殖，正常生产当年会将河蟹苗养成规格更大一些的一龄蟹种（扣蟹，100～400只/千克），称为幼蟹培育。

幼蟹培育形式有池塘培育和稻田培育。养殖池塘的选择和准备、防逃设施的安装、水草的移植等都同仔蟹培育，培育稻

第七章　河蟹的养殖

田的选择和准备同成蟹养殖。大眼幼体的放养密度每亩可放40万只左右，以后逐渐调整分养，至Ⅰ期幼蟹时，可每亩放4万只左右。最好不要一次性每亩放4万只。天然水域大眼幼体数量一般6月份达到高峰，人工育苗的大眼幼体一般5月下旬出苗，因此培育扣蟹放养时间为每年5~6月份。

在扣蟹培育过程中，尤其要注意饲养管理。在此期间，河蟹对水质、食物、水温的要求与成蟹养殖期间存在差异，稍有不慎，就有可能造成河蟹的性早熟。这种性早熟的蟹，规格不大，但性腺已成熟，不再生长。第二年继续养殖时，便会因蜕壳不遂而死亡，俗称"老头蟹"。

目前，幼蟹性早熟的问题已经成为扣蟹培育阶段最突出的问题。性早熟发生的原因基本上归纳为：养殖期间的有效积温过高和营养过剩。在江河湖泊中生长的河蟹，由于常年水温较低，新陈代谢慢，摄入营养量少、质差，故生长速度慢，性腺发育正常。而在人工养殖条件下，尤其池塘稻田中水位低、微流水或死水，蟹苗较长时间处于较高温度下，新陈代谢旺盛，再加上人工投饵精而多，从而使蟹苗性腺发育快、蜕壳间隔时间短，但身体却没有足够的时间育肥，因此造成性腺早熟、身体规格上不去的后果。尤其是使用早繁蟹苗培育扣蟹，情况严重时早熟率能达70%。

根据以上分析，在扣蟹培育阶段，饲养管理上要注重以下几点。

（1）杜绝早繁苗　两年养成成蟹，扣蟹培育阶段不要用早繁幼苗。

（2）降温　利用各种方法使水温不要高于25℃，有条件的地方最好保持水温在18~23℃间，从而减少有效积温。具体方法有：①选择水源时，以地下水、冷泉水或深水水库中下层水为好；②要勤注水，夏季高温时，最好每天上午10时和下午 3 时向池中换水，使池水形成微流；③夏季高温时，要在池塘四周搭棚遮阴，水面要多放些凤眼莲、空心莲子草、浮萍之类漂浮植物，面积要在池水面积的 1/2 以上，避免阳光直射水面。

(3) 注意饵料投喂　大眼幼体刚下塘时，投喂要以动物性饵料为主，主要投喂蛋黄、鱼糜、蛋羹等人工调配的饼料，占人工投饵的 60%，要求营养丰富、质量新鲜，投喂时做到定点、定质、定量、定时。但这些最好作为补充饵料，主要还是让大眼幼体摄食轮虫、枝角类为主，这样可以提高大眼幼体成活率。因此要求下塘时要看准轮虫高峰期下塘。随着温度的升高，逐渐减少动物性饵料的比率，以植物性饵料为主，直至完全投喂植物性饵料。投喂量也不断减少，有意造成蟹苗的半饥半饱。变成 I 期幼蟹后，基本停喂，任其自然生长，以延长其生长期，控制个体规格和性腺发育。

(4) 增大放养密度　幼蟹培育阶段，苗放得稠则生长慢，放得稀则生长快。因此在放养时，不要一下子就放每亩 4 万只，而要先放每亩 10 万只，随着个体的增大，再逐渐调整到 4 万只。这样以密度控制其生长发育和性成熟。

(5) 保证水质　水质差的池塘、稻田往往造成幼蟹早熟。因此培育池要经常保持微流水，水源要清洁、无污染，池水深度要保持在 1.5 米左右，透明度 40 厘米以上，pH7.5～8.5，溶氧高于 4 毫克/升。另外要加强巡塘，防止天气骤变和水温急剧上升造成的水质恶化，要准备几种急救措施，如冲水、泼洒增氧灵（过氯化钙）、开气泵充气等，以应对紧急情况。

三、蟹种的越冬

当年培育的扣蟹要经过越冬才能继续放养。蟹种越冬的方法很多，这里只介绍较实用的两种。

1. 蟹笼越冬

北方一些池塘冬季会结冰,保水力差,能一直冰封到池底。这时最好将蟹种捕出,装入蟹笼,沉入大水面的冰下,越过寒冷的冬季。用此法时要注意:

① 蟹种入笼前要加强投喂,使蟹种能积累足够的能量以越过漫长寒冬;

② 蟹种放养密度以平铺于笼中不相互挤压为宜;

③ 蟹笼入水时间在10月底至11月初为宜,入箱后水温若在10℃以上,要适当投饵,直至水温低于10℃;

④ 冰封后要经常观察蟹种情况,必要时凿冰充氧,扫雪透光。

2. 土池越冬

越冬池选择保水能在1~1.2米以上的池塘,清整、消毒、建立防逃设施后,蓄水至1米以上,然后移植水草,面积全池面的1/3左右。

选择越冬蟹,要求规格一致、个体强健、无伤损、体色淡绿或黄绿色,严禁"老头蟹"进入越冬池。

越冬期间,注意控制水位,掌握水质。池水浓时,要及时换水,换水量一般为池水的1/5。为防止冬季结冰,影响光照,在越冬池北面用草帘搭建防风墙,高1.5米左右。发现水面结冰,要及时破冰或注水,晴暖天气,河蟹仍活动摄食,可适当投饵。每月每亩水面用20~25千克生石灰化水泼洒,既防蟹病又改善水质。春季气温回升时,要及时投喂。

第四节 河蟹的成蟹养殖

成蟹养殖是将蟹种养到食用规格上市。饲养形式主要有池塘养殖（包括池塘单养和池塘鱼蟹混养）、稻田养殖、湖泊养殖（包括湖泊网围养殖和湖泊人工放流）等。

一、成蟹的池塘养殖

1. 池塘成蟹养殖

成蟹养殖池的选择、准备、防逃设施的安置、水草的移植等同蟹种培育。扣蟹的放养密度为每亩6000只左右。放养时间根据水温回升情况而定，水温回升至5～6℃时即可放养，使扣蟹有一段时间恢复，待水温至10℃以上时即可投喂。

放养时，要谨防"老头蟹"混入。"老头蟹"在规格上看已达20克以上，又不到70克；从颜色上看背甲已呈青色或墨绿色。雌蟹腹脐已圆，覆盖大部头胸部腹甲，且边缘密生黑褐色绒毛。雄蟹螯足毛密而长，呈深褐色，步足刚毛粗而长，颜色较深；腹部交接器已瓷化，呈管状，用手指触碰不易折断。而正常幼蟹此时头胸甲背部呈淡绿色或黄绿色，螯足、步足上绒毛疏短而柔软，淡黄或淡褐色，规格在5～15克。

成蟹培育期的饲养管理同一年养殖技术的第二阶段管理，尤其在饲料投喂上，以"两头精，中间青"为原则，定时、定位、定质、定量投喂，还要定时添加蜕皮激素，使河蟹吃饱、吃好，快速生长，争取本年末，使成蟹规格增至150克以上。

池塘养蟹各个时期、各个阶段以及各种养殖方法，其关键问题不外乎"水、种、饵、密、草、蜕、防、管"，我们把它称为"池塘养蟹八字丰产法"。

（1）水　俗话说"养鱼先养水"。各种水产动物对水的要求不同，比较而言，河蟹是对水质要求比较高的。在整个养殖期间，要求水质清新，透明度保持在40厘米左右，不能太低，易引起河蟹逃逸或上岸打洞，也不能太高，水中缺少浮游生物对河蟹生长不利。溶氧要在4毫克/升以上，pH7.5～8.5。要达到以上要求，必须注重日常的换水倒池。6月以前，每隔7~10天换水一次，6月、7月、8月份每隔3~4天换水一次，每天换掉池水的1/3。尤其在盛夏季节，有条件的地方最好每天换一次，一次换掉池水的1/4。

（2）种　有良好的蟹种才能培育出优质的商品蟹。对种的要求有品种上的，也有质量上的，对我国大多数地区来说饲养长江水系蟹苗是最好的选择，它个体大、生长快、形体优美、颜色悦目、肉质鲜美，深受各地群众喜爱。长江蟹的形体特点归纳为"金爪黄毛、青壳白肚、肢体较长"。质量好的蟹苗轻轻推起能很快散开，抓在手里，感觉爬动有力，松开手很快都四散逃开。蟹苗群体中无丰年虫、钗额虫、残渣剩饵等异物，用肉眼看，颜色一致，均呈棕黄色，无黑色个体，个体规格基本一致。这样的蟹苗或蟹种放入池塘中养殖，才能达到高成活率、高产出、生长快、规格大的目的。

（3）饵　饵料投喂直接关系到河蟹的蜕壳快慢、蜕壳频率以及蜕壳后身体的增长幅度，也就直接影响其生长快慢。在整个养殖期间要求饵料营养丰富、新鲜、充足、精青结合，合理搭配。大眼幼体培育期间，以蛋黄和鱼糜混合料为主，辅以少量青料。Ⅰ期幼蟹以后，逐渐以鱼糜、畜禽血、蚕蛹、屠宰下脚料、动物尸体为主，占整个投饲量的60%，而空心莲子草、浮萍等各种水陆草以及玉米、小麦、谷物、豆制品等各种植物性饵料，占投饲量的40%以下。在酷暑高温的盛夏季节，水温高于28℃时，要逐渐转变饵料结构，多以青、粗料为主，动物性饵料少投勤投。尤其在培育扣蟹时，盛夏酷暑中要严格控制饵料投喂量，尽量少投，最好不投。度过高温季节后，是河蟹的育肥期，要抓紧时间，强化投喂，补充营养，准备越冬或进行体力消耗很大的生殖活动。这一规律总结为"两头精，中间青"。

投喂时，要注意定时、定位、定质、定量，浅水多草处多投，深水区不投。培育幼蟹每天投喂4～8次，幼蟹Ⅱ期后，可一天2～3次。夜间或傍晚多投，白天少投，天气晴朗多投；天气闷热喜阴雨天少投或不投，具体按水温、气候、上一天摄食情况及池中河蟹活动情况，酌情增减。

（4）密　放养密度大则生长慢，对水质、管理要求高，反之则生长快，对水质、管理要求低。考虑商品蟹规格问题，一般放养时，从蟹苗至幼蟹饲养阶段，每亩水面放养蟹苗10万～20万只；从幼蟹到黄蟹阶段，每亩水面放养量为1.5万～2万只；从黄蟹到绿蟹阶段，每亩水面放养量为6000～8000只，如饲喂得当的话，成活率能保证蟹苗50%，幼蟹及成蟹80%以上，成蟹规格可达150克以上。

（5）草　水草是河蟹的保护神，在养蟹生产中十分重要，它既是河蟹栖息、觅食、避敌和蜕壳的场所，又是食物中维生素、粗纤维和矿物质的重要来源，另外，它还能释放氧气、吸收多余或有害的物质，对调节、净化、稳定和改善底层水质有十分重要的作用；空心莲子草等水草还能防止蟹病的发生。在养蟹池移植水草时要注意如下几点。

① 水草品种要多样化。尽量让池中长着各种类型水草。如挺水植物芦苇、蒲草（学名：水烛）、茭白（学名：菰）或空心莲子草，浮叶植物中的菱、睡莲，漂浮植物中的凤眼莲、浮萍、芜萍及沉水植物中的菹草、苦草、光果黑藻、金鱼藻等。

② 水草面积要占池水面积的1/3～1/2。太少，对河蟹生长起作用不大；太多，影响光照、水质，易起副作用。

③ 各种水草要稀疏、匀称，相互混杂分布在池边浅水处，池中间不种水草，以免影响风浪及分散河蟹，影响池边投饵时集中摄食。

第七章 河蟹的养殖

(6) 蜕　蜕壳是河蟹生长发育的过程，也是其生长发育中的难关。蜕壳不遂易死，蜕壳太快达到性早熟易死，蜕壳后身体柔弱受敌害及同类袭击易死，可见蜕壳时期在河蟹生长中的重要性。因此在养殖过程中要注意：

① 调水与补盐。每1周左右换水1次，并每亩泼洒生石灰20千克、明矾1.5千克，平时在饵料中添加5克/千克食盐和钙片以补充蟹机体中的钙、钾、钠等物质，增强体质促进蜕壳。

② 添加蜕皮激素。根据推算与观察确定蜕壳时间，在此之前2～3天在每千克饵料中添加2克蜕皮激素，以利蜕壳。

③ 环境。保证池中有丰富适宜的水草，蜕壳时保持安静，严防敌害混入和人畜干扰。

④ 蜕壳。开始后2～3天注意控制换水量，还要在换水时注意巡塘，减慢水流速度。

(7) 防　养殖期间注重"四防"。

① 防逃。按要求设置好防逃墙，防逃墙不低于50厘米，其上端设置各种倒檐。巡塘时首要任务是检查防逃墙有无破漏、倒塌，发现问题及时补救。

② 防病。河蟹容易感染细菌、寄生虫，还有像蜕壳不遂这样的疾病。在平时要注重每隔半月用生石灰泼洒一次预防疾病，并结合投饵、调水等起预防作用。一旦发现疾病可用福尔马林（原生动物病）、土霉素（细菌性疾病）、蜕皮激素（蜕壳不遂症）等对症下药。

③ 防害。水老鼠、青蛙、水蛇、泥鳅、黄鳝、鸟、家猫等是河蟹的天敌，尤其对幼蟹危害极大。在放苗前，要尽量将池中敌害杀死捕净；进排水口设置铁丝网防其进入；平时在池边多设老鼠夹，注意填堵蛇洞、老鼠洞，池四周插些稻草人以恫吓水鸟等。

④ 防偷。螃蟹味美价高易捕捞，平时要多巡查，防止不法之徒偷捕。有条件的地方最好在院内挖养蟹池。

(8) 管　池塘管理是整个养殖过程的关键，保证其它各项技术措施的落实。它包括水、草、饵、防、种的各项技术的实施。调节水位，要做到"春浅、夏满、秋勤、冬深"，夏季多换水，蜕壳时少换水或不换水；移植水草，要注意品种多，移植散，池边多放，池中不放；投饵要做到"两头精、中间青"，四定有保证；巡塘要"七看"，看天、看水、看季节、看蟹吃食、看蟹活动、看蟹蜕壳、看敌害；及时清除残饵、死蟹、腐草和树根；保持环境安静，无人、畜干扰；适时捕捞，科学妥善暂养；做好有关记录和总结。

2. 池塘养殖中"懒蟹"形成的原因与对策

在河蟹的人工养殖时，经常发现一些河蟹个体较小，往往栖息于洞中，很少出来活动和觅食，因此生长缓慢，被称为"懒蟹"。

(1) 产生"懒蟹"的原因　大致有以下几点：

① 由于水中水质恶化、溶氧低而引起河蟹不适，纷纷上岸栖息，久而久之，一些河蟹就不愿入水，而在池边陡坡上打洞穴居，懒得出洞觅食，从而形成"懒蟹"。由于久居洞中，不动不食，因而个体较小。

② 由于水位变动大而造成河蟹打洞于"潮间带"。如果养殖期间，池塘保水能力差、水位忽高忽低、变动过大使河蟹来不及迁居，久而久之就穴居在洞穴中，懒得活动觅食，形成"懒蟹"。

③ 由于投饵不均，部分河蟹吃不到食物，只能摄食洞穴附近泥中的腐殖质来维持生命，时间一长，这部分河蟹就不觅食，身体也长不大。

④ 水中缺少移植的水生植物和漂浮着的附着物，致使河

蟹缺少栖息、觅食、避敌、蜕壳的场所，只能靠打洞来休憩、避敌、蜕壳，造成离水生活而形成"懒蟹"。

（2）采取措施　为防止"懒蟹"的出现，在养殖时要注意做好以下几点工作。

① 要定期换水，增加水中溶氧，使水质保持新鲜。

② 控制河蟹放养密度，投饵一定要均匀，尽量使所有河蟹都能吃到适口的饵料，养成河蟹觅食的习惯。

③ 池塘中一定要栽培水生植物，包括挺水植物和漂浮植物、浮叶植物，使河蟹在生长期间有良好的栖息环境。

④ 要保持池塘水体的相对稳定，同时还要做好汛期和枯水期期间的进、排水工作，这对河蟹的顺利蜕壳也有一定好处。

⑤ 不用已被污染的水源、池塘水，水质恶化后及时排出和加注新水，使河蟹能在比较适宜的环境中生活。

二、池塘鱼蟹混养

为提高蟹池的生产效率，充分利用池塘水体和饵料资源，我国从 20 世纪 80 年代末开始进行鱼蟹混养。鱼蟹混养的模式多种多样，只要养殖鱼和蟹之间没有较大的空间冲突、饵料冲突和空间竞争，就可以实现共存共荣、一起丰收。以下介绍几种常见的鱼蟹混养模式。

1. 以蟹为主混养肥水鱼

此模式主要以河蟹生产为主，要求每亩产河蟹 50～100 千克，鱼产量 100～150 千克。主要投放鲢、鳙等，配少量的鲫和团头鲂。技术管理上以蟹为主。

2. 蟹、鳜混养

利用河蟹和鳜对水质要求都高的特性，在成蟹塘混养鳜。

试验表明,鳜不会对蟹构成危害,反而清除了蟹池中的小杂鱼,起到了互惠互利的作用,从而增产增收。一般每亩可产成蟹 100 千克左右,另增产鳜 7~20 千克。

在养成蟹的池塘中混养鳜,河蟹的放养按常规进行,鳜的放养在 5 月中下旬到 6 月上旬进行。

如以养殖商品鳜为目的,一般每亩放养规格在 3.3 厘米以上的鳜种 15~30 尾,如以培育大规格鳜种为目的,密度可大一些,为 50~70 尾/亩。如能在放养时配套放一些夏花饵料鱼,放养密度也可能增加。管理措施主要按河蟹的要求进行管理,但鳜对一般的药品比较敏感,在防治病时应慎重。

3. 以银鲫为主混养蟹

为浙江一些地区的养殖模式,要求亩产银鲫 500~100 千克,产蟹 20~30 千克。在放养和管理上主要参照银鲫的技术模式。

三、成蟹的稻田养殖

20 世纪 90 年代以来,在我国大多数的水稻主产区兴起稻田养蟹热。从福建到江苏、从山东到辽宁,各地因地制宜,种稻养蟹两不误,取得了良好的经济效益和社会效益,为全国的水稻产区开创了一条行之有效的致富之路。

1. 养蟹稻田的选择与改造

(1) 稻田的选择　养蟹稻田要求:水源丰富,水质良好无污染源,排灌条件好;地势低洼,保水能力好,大旱不干,洪水不淹,水蚯蚓、摇蚊幼虫、浮萍等天然饵料较为丰富;面积以 5~10 亩为宜,土壤以黏壤土、壤土、黏土为宜,田埂坚实不漏水;离集镇、公路较远,较为安静,有利于河蟹蜕壳和摄食。

(2)稻田的准备 用于养蟹的稻田要经过一番准备。

① 加高加宽田埂。作为养蟹的稻田首先要加高加宽田埂,一般宽要达到33～35厘米,高一般达50～70厘米。田埂一定要夯实,防止雨水冲塌,防止黄鳝、水蛇等打洞。

② 开挖蟹沟、蟹溜。蟹沟、蟹溜是养蟹稻田的深水部分,是河蟹栖息的主要场所。蟹沟是指蟹的通道,蟹溜也叫蟹坑、蟹窝。在稻田晒田、施肥和施药除草时,可使蟹较安全地集中在沟、溜中躲藏。在夏季温度过高时,这里也是河蟹的避暑之地。

挖蟹溜,最好在插秧前,这时工作顺手,出土方便。蟹沟一般在秧苗移栽后10天,秧苗活棵返青后开挖。

蟹溜一般在注排水口处、田中央或计划中的蟹沟交叉处,面积1.5～2平方米。蟹沟分大小,先在稻田四周挖一圈较大的蟹沟,宽0.5～1米,深0.5～0.6米。再根据稻田大小,在稻田中间开挖较小的蟹沟,深0.3～0.5米、宽约0.4米,形状呈"目""日""田""工"字形。开挖蟹沟、蟹溜一定要因地制宜,要尽量利用现有的自然沟、丰产沟等,其面积以占稻田面积的10%～20%为宜。挖出的土方用来加高田埂。

(3)防逃设施建设 土建的进、排水口要用聚乙烯网片密封,防止河蟹逃出及敌害生物潜入。使用电力或柴油机抽提的进水塑料管最好高出水面,并且用网片封口,排水管除网片封口外,再建一道竹栅并加盖网片。

稻田四周的防逃设施建设同亲蟹池。

2. 水稻栽插

(1)水稻品种的选择 养蟹稻田要选用全生育期长(大田生育期不少于110天)、耐肥力强、基秆坚硬、抗倒伏、抗病害、产量高的水稻品种。

(2)稻田施基肥 养蟹稻田在秧苗移栽前要施基肥。基肥以有机肥为好,最好是饼肥,时效长,效果好。一般每亩可施人粪尿250～500千克,饼肥150～200千克。缺少有机肥的地区也可用无机肥补充,总施用量以基本保证水稻全生育期的生长需要为宜,也要经常补充一些钾肥、磷肥。

(3) 秧田插栽 采用两段育秧法培育秧苗,在秧畦育成大苗后再移栽大田。移栽前2～3天,对秧苗普施一次高效农药,以防水稻病虫害的传播和蔓延。移栽的秧苗要健壮,通常采用浅水移栽,宽行密株栽插,适当增加田埂内侧、蟹沟两旁的栽插密度,发挥边际优势,提高水稻产量。秧苗移栽后1周内,尤其是秧苗返青前,要尽量减少河蟹进入秧田,以免影响秧苗成活。

(4) 引种芜萍 引种芜萍可以满足河蟹对水生植物类饵料的需求,是促进蟹、稻双丰收的重要措施,芜萍能培肥地力,同时又是河蟹的良好饵料,能避免河蟹对水稻的危害,而水稻又为河蟹遮阴防风,为河蟹提供舒适的生活环境、隐蔽的蜕壳场所。河蟹的活动又为水稻松土,粪便为水稻增肥,也有利于水稻生长。芜萍引种的面积为蟹沟、蟹溜面积的30%～40%。

3. 苗种放养

(1) 放养时间 稻田中可进行扣蟹培育、成蟹养殖及成蟹暂养。培育扣蟹和暂养成蟹时,购入大眼幼体、Ⅰ期幼蟹和成蟹,时间一般在6月中旬左右,这时秧苗已移棵返青,可直接放入稻田。养殖成蟹时,幼蟹须在冬、春季提前购买。这时秧苗尚未栽插,需在田边挖池或利用闲置池塘进行暂养,待秧苗栽插、活棵返青后再放入稻田养殖,这时也在6月中旬以后了。

(2) 清野和消毒 稻田清野消毒应在放水插秧前一周进行。消毒要根据稻田里沟溜的蓄水量泼洒生石灰或漂白粉,分别成1000毫克/升或100毫克/升的浓度,彻底杀死稻田中的蝌蚪、剑水蚤、老鼠、青蛙、黄鳝、水蛇等敌害生物。放苗前一天，还要巡田检查是否有老鼠洞、蛇洞等，及时填堵。若使用多年的养鱼或养蟹稻田，沟溜中沉积有淤泥，应先除淤，再消毒杀菌。

（3）放养量 应根据稻田的进排水条件、水源情况、管理水平、有无田头沟塘及其大小、稻田中天然饵料多少等因素来确定放养量。从一些养殖单位的实践结果统计，一般稻田如果饵料营养全面、投喂合理、水质良好、管理得当的话，亩产可达 40～50 千克；而管理水平一般的稻田也可亩产成蟹或扣蟹 20～30 千克。如果暂养成蟹，每亩可产 80～150 千克。然后再根据放养蟹的成活率和增重倍数，便可确定最初Ⅱ期幼蟹（或大眼幼体）和扣蟹的放养量。据扬州市有关单位的统计分析，60～100 只/千克的蟹种净增重倍数为 3～5 倍，120～200 只/千克的蟹种的净增重倍数为 6～8 倍，220～400 只/千克的蟹种的净增重倍数为 9～12 倍。Ⅱ～Ⅴ期幼蟹的净增重倍数为 15～25 倍。6～7 月份购进的成蟹暂养后可净增重 0.3～0.8 倍。根据以上参数，一般稻田可放养 3 个规格的蟹种，分别为 5 千克左右、3 千克左右、2.5 千克左右；可放养Ⅰ～Ⅴ期（即每千克 1 万～3 万只）幼蟹 1.2 千克左右，如强化高产养蟹稻田放养量可加倍。暂养成蟹则可放养 60 千克左右。

（4）暂养 冬、春购进的蟹种，因未到插秧季节，需在田边挖池或闲置池塘内暂养 3～5 个月，待秧苗移栽活棵返青后再放入稻田。暂养时要掌握以下技术要点：

① 暂养池要彻底用生石灰或漂白粉清塘，若多年用池，需挖出池中淤泥再清塘；

② 暂养池要设置防逃设施，如养蟹稻田；

③ 暂养池要多植空心莲子草、凤眼莲、芜萍等水生植物；

④ 3 月上旬开始少量投饵，4 月以后正常投饵；

⑤ 开春以后降低水深至 50～60 厘米，以利水温回升。以后每 1 周左右换 1 次水，4 月份每 5 天换 1 次水，5 月份 3 天换 1 次，1 次换水 1/3。

另外夏季购进的培养扣蟹的幼蟹，也要进行一段时间暂养，再放入蟹池。一般Ⅰ期幼蟹暂养 7～10 天，Ⅱ期幼蟹需暂养 20～25 天。暂养期技术要领为：彻底清塘；移植水草 1/3；施肥以培育浮游生物为主饵料，补充以鱼糜、蛋黄浆、豆浆，7 天后投喂动物、植物性饵料拌和的糊状饲料；勤换水、勤巡查、逐渐降低水位，以使幼蟹适应浅水环境。

稻田中还可放养部分鱼苗、鱼种、鱼、蟹混合，既充分利用稻田资源，净化水质，利于河蟹生长，又增加收入。每亩可放养鲢、鳙夏花分别为 200、100 尾，放养草鱼和团头鲂夏花各 200 尾。

4. 饲养管理

（1）适量施肥　由于河蟹不耐肥水，怕缺氧，所以养蟹稻田不宜大量追肥，尤其是有机肥和氨水与碳酸氢铵等容易在水中形成氨分子的氮肥。养蟹稻田施肥的原则是：以基肥为主，追肥为辅，一般水稻全育期追肥 1～2 次。基肥每亩施粪肥 500 千克、磷肥 30 千克、钾肥 10 千克。追肥以尿素为主，每次 7～10 千克/亩。

（2）合理投饵　培育成蟹的田块在清明节前后每放养 500 克蟹种投放 50～100 千克活螺蛳，让其自行产卵繁殖供河蟹食用，并适当辅助投喂一些浸泡或煮熟过的小麦、玉米等植物性饵料，适当增放一些绿萍、浮萍等。7～10 月份是河蟹生长旺盛期，投喂饵料要做到量足、营养全面、新鲜无污染，投喂充足的动植物性饵料，如螺蛳肉、蚌肉、蚕蛹、鱼、虾、动物尸体、屠宰下脚料及水草、麦、谷、饼类等。蟹蜕壳前要在饵料中添加蜕皮激素，或适当投喂一些蛋壳粉、骨粉、虾壳粉等含钙多的饵料。11月份以后,水温逐渐下降,可酌减投饵量。每天投饵量根据水温及上一天河蟹摄食情况灵活掌握。一般为蟹体重的5%~8%,分两次投喂。上午8点左右投喂第一次,占日投饵量的40%,傍晚投喂第二次,占日投饲量的60%。投喂应做到定时、定位、定质、定量。

（3）科学用药　河蟹和混养鱼均喜食稻田害虫,可降低稻田虫害,再加上河蟹对各类农药都较敏感,因而养蟹稻田要尽量少施农药。如必须用药,要选择一些高效低毒农药,减少用药次数。施药时选择晴天上午,先放干田水,使蟹、鱼集中到沟、溜中,然后喷药。采用喷雾和喷粉的方法,将药尽量喷洒在水稻的茎叶上,减少落入稻田水中的药量。用药后注意观察,发现异常立即注水,如无异常,则在当天傍晚注水。

（4）水质调节　养蟹稻田的水中溶氧一般需保持在5毫克/升以上,pH值以7.5~8.5为宜。秧苗移栽时采用浅水插秧,田面水位在20厘米左右,以后随着水温的升高和秧苗的生长逐步提高水位至60厘米。5月份以后每隔7~15天换水一次,高温季节每隔2~3天换水一次,每次换掉田水的1/3。换水时要注意换水前后水温差不应超过3℃,并避免在河蟹潜伏休息和最佳摄食期间换水。

（5）病害防治　目前稻田养蟹疾病较少,一般以预防为主。放养时,用0.2毫克/升制霉菌素溶液对蟹种进行药浴。养殖期间,每隔7~10天每亩用15~25千克生石灰遍池泼洒溜、沟一次,并定期在饵料中拌和中草药投喂。对河蟹危害较大的敌害生物有水老鼠、水蛇、青蛙、水鸟等,可采取在田边投放鼠药、安放鼠夹、"稻草人"及人工捕杀等多种方法进行清除。

（6）日常管理　养蟹稻田的日常工作有晒田和巡田。晒田能抑制水稻的无效分蘖,有利于水稻生长。晒田时要先疏通蟹沟、蟹溜，尽量短晒、轻晒，土地不龟裂，晒田不晒蟹，不伤蟹。最好在沟溜中投放些嫩草，晒田后要及时恢复水位。

巡田检查每天早晚各一次，查看防逃设施是否破损，进、排水管道是否漏水，田埂是否遭到外来毁坏，若发现情况及时修补。还要观察河蟹摄食、活动、蜕壳情况，及时清除敌害和腐烂变质的残饵，并做好管理日记。

5. 适时收获

养蟹稻田的水稻一般在寒露前后收割。收割前先采用多次灌水和多次排水的方法，使蟹、鱼集中到蟹沟、蟹溜中，然后再收割。如果蟹较多，可起捕一部分，待稻田全部露出水面再收割。

河蟹的捕获时间以10月中下旬至11月份为宜，具体时间由河蟹价格行情和气温而定。起捕时要先放水，使蟹集中到蟹沟、蟹溜中，用蟹网、底拖网捕捞，最后放干沟溜中的水，人工捕捉，再分规格暂养待售。苗种则转入越冬池越冬，明年继续养殖。

四、湖泊网围养蟹

湖泊拦网养蟹，是在拦网养鱼的基础上发展起来的。在江苏洪泽湖、太湖等地，拦网养蟹飞快发展，已形成农村经济发展的主导产业。

1. 拦网养蟹水域的选择

（1）水质条件　选择周围和上游无工业污水排入、无农药污染和无水生植物腐烂、常年水位较稳定的河流、湖泊或水库。拦网水域内的溶氧量保持在5毫克/升以上，pH值为7.5～8.5，水不发黑，无臭味。

（2）水域条件　选择的网围地点，水底应当平坦，底泥软硬适中,易打桩;水要浅,最好在1.5米以内,常年水位稳定落差小,水流平缓,约0.2米/秒,面积在2~6.67公顷为宜,最大不超过66.7公顷。

(3)天然饵料生物资源 网围区要求挺水植物、沉水植物较多。挺水植物以芦苇、水烛为好,沉水植物以光果黑藻、狐尾藻等较多为好,植物面积占拦网面积的1/2以上。底部底栖动物丰富,螺蛳肉、蚌肉、水生昆虫等能充分满足河蟹生长需要,为其创造适宜的水域环境,减少河蟹逃逸及受敌害攻击的机会,提高回捕率。

2. 网围设置

网围的主要结构包括墙网、囊网、石笼、毛竹桩、脚桩等。

(1)墙网 是网围的主体部分,由内、外两层网目为1厘米的聚乙烯网片制成,高度应以高出水域常年平均水位1米为宜。墙网装备上下纲。为防止河蟹钻泥逃逸,墙网下纲每隔0.5~1米安装石笼,内墙网要安装双石笼。内墙网的顶部装50厘米宽的向内倾斜的倒网,倒网与墙网形成45°夹角,中间缝40厘米宽的硬质塑料布。内、外墙网间距5米左右,要预设管理人员进出的门,风浪不大的小型湖泊,也可只采用单层墙网。

(2)毛竹桩 毛竹桩是墙网的支撑桩。一般打入泥中1米深,间距1.5米(可根据水域常年风浪大小调节),高要大于墙网0.5米左右。在风浪较大的地域,最好在毛竹桩内面再打一对桩,每相邻两毛竹桩间再横结一根横杆,以加固墙网。在底泥坚硬的水域,石笼无法打入泥中,最好在墙网底纲安装一道矮竹箔,箔下端削尖,插入底质30厘米,上端高60~90厘米,紧贴网墙。

(3)脚桩、脚绳 脚桩是在墙网上加固墙网,防止石笼移位的装置。风浪小的水域可不用。脚桩上端捆扎在副石笼上,下端斜插入底泥中。脚绳上端扣在毛竹桩顶端,下端扎在脚桩上,呈45°打入底泥中,用来加固毛竹桩。

(4) 囊网 安装在内墙网上,位于内外墙网之间,用于监视逃蟹。由袋网与须网组成,袋网为一锥形网袋,须网呈漏斗状,一般每个袋网装2~3个须网。囊网绕内墙网装一圈,如果发生逃蟹,河蟹钻出内墙网后,便会通过漏斗状须网进入袋网。

(5) 石笼 就是装满石块的网袋,安装在墙网底纲上,踩入底泥中,将底纲也带入底泥,防止逃蟹,踩入底泥的深度以底纲陷入泥中15厘米为宜。内墙网必要时设双石笼,一副垂直踩入泥中,称主石笼,另一副平铺后踩入底泥,称副石笼。

3. 清基除野

网围区的基底要清除过多淤泥,保持淤泥在20厘米以内,以防水质恶化。要尽可能捕捉网围区内的一些河蟹天敌,如黄鳝、水蛇、乌鳢、鲇(也作鲶)、青蛙等。由于网围区面积较大,而且常有微流,不宜选用生石灰、漂白粉泼洒法,可采用定期除害法、电捕法、围捕法 、驱赶法等方法并做,将害鱼尽量捕净。

4. 苗种放养

由于网围养蟹较之池塘、稻田管理较粗,因此目前多用于养殖成蟹。放养的幼蟹规格决定于该水域的自然饵料生物的丰歉程度。放养密度除取决于天然饵料丰歉度以外,还必须从水域的拦养面积和自身经济实力量力而行来考虑。面积大、饵料足、水质好、放养资金及后备资金充足可多放,反之则少放。在一般条件下,拦网面积在30亩左右的,每亩放规格为150只/千克的幼蟹16千克左右,以天然饵料为主,辅以人工饵

第七章 河蟹的养殖

料,当年成蟹规格可达120克左右,回捕率在50%以上。面积越大的网围区,放养密度越小,并且尽量投放大规格蟹种。

另外,网围区内还可放养部分鱼苗、鱼种,主要是草鱼、团头鲂、鲢、鳙的夏花,每亩可放800~1000尾,无需专门投饵。不要放鲤、鲫、青鱼,这对养殖河蟹有害。

5. 饲养管理

(1) 饵料投喂 河蟹的网围养殖主要以天然饵料为食,因此要提供足够的水草,在网围区内多移植空心莲子草、凤眼莲等,面积要占网围面积的1/2以上,还要定时投放一些消毒的活螺蛳、蚌、蚬,供河蟹摄食。另外,人工饵料可作为补充饵料投喂,每天傍晚一次,如玉米、小麦、豆饼、番薯(俗名山芋)、碎鱼、虾等,其中动物性饵料要占60%,投喂时做到定时、定位、定质、定量,还要定时添加蜕皮激素。

(2) 定时巡查 每天3次定时巡查。检查网围是否破损、石笼是否移位,囊网中是否有逃蟹,是否有敌害生物进入网围区,发现情况及时处理。还要观察河蟹摄食、蜕壳、活动情况,做好工作日志,以备总结经验。

(3) 定期防病 每隔1周左右在饵料中拌喂中草药预防疾病,还要经常用漂白粉挂袋于网围上风头,预防寄生虫及其他疾病发生,为防止蜕壳不遂症,要多喂些贝壳粉、骨粉等含钙多的饲料。

6. 围网捕蟹

由于围网防逃效果有限,应提前捕捞,时间选择在9月上旬,成蟹自然生殖洄游逃逸前,集中力量组织捕捞。过早,河蟹未长成,规格小,过迟,回捕率下降,产量低。

提前捕获的成蟹,蟹黄积累尚不饱满,最好放入预先准备好的暂养池内暂养,通过人工投喂、调节水质,使其充分育肥，促进河蟹体重和效益的同步增长。

五、湖泊蟹种人工放流

随着河蟹自然资源的锐减，增殖放流河蟹已引起各地水产部门的普遍重视，如今全国各地的水利与渔业部门都会定期地组织多种海淡水鱼类、甲壳类等水产品的人工放流工作，以增加这些水产品的自然资源。

将蟹苗投入到湖泊、河流、沼泽、水库等较大型的水域中，任其自然生长，称为蟹苗的人工放流。河蟹食性广、生命力强、对环境适应能力强，生长迅速，在天然水域中依靠天然饵料生活，不用人工投喂，因此成本低，经济效益显著。据统计，人工放流河蟹需提供的成本费仅有苗种费、运输费和工具费，三项之和也仅占河蟹产值的10%左右。但是放流蟹苗成活率和回捕率低，最好是将蟹苗培育到幼蟹阶段，再进行人工放流。

1. 放流地点的选择

蟹苗放流最好选择避风、向阳、水质清爽、有微流、水草茂盛、底有淤泥的湖荡、港湾、库汊，尤其湖泊中，要注意水草的丰茂度。俗话说"蟹大小，看水草"，水草茂盛的水域溶氧充足、饵料丰富，适于河蟹的栖居生活，有利于河蟹生长，增殖效果明显。在水草多的地方放流，要将河蟹散放于水草丛中，既避免个体间因争夺饵料相互争斗，又避免敌害生物的侵袭，提高放苗成活率。

选择地点时，还要注意有拦河坝的河流、筑土堤的水库，在拦河坝、土堤及闸口附近不宜放养河蟹，以免河蟹掘穴毁坏堤坝。

2. 放流方法

由于蟹苗体质弱，蜕壳期间无防御能力，死亡率高，因此人工放流时最好不放蟹苗,而将蟹苗在暂养池或网箱中暂养到幼蟹期,再放流。这就是近年来各地多采用的二级放养(流)。在暂养期间,每天给蟹苗投喂蚕蛹、鱼糜、麦粉及适当的芜萍、青草,供其摄食。经10天左右暂养,蟹苗已蜕变成幼蟹,具有了掘洞、穴居、营底栖生活及保护自己的能力,这时再捕起幼蟹,分散放流。6～9月是河蟹的最适生长季节,要尽量提前放流,这样生长期长,河蟹生长迅速,在条件好的水域,当年可达商品规格,并可提前上市,也能提高人工放流的回捕率。

　　河蟹人工放流的密度悬殊,少则数百只,多则近万只。在水质好、水草丰茂、水底底栖生物丰富的浅水湖泊、水库中,每亩可放养600～900只幼蟹。一般条件的水域,水草面积小,底栖生物贫乏,每亩放养200～400只幼蟹。

第八章

虾蟹病害的防治

第一节 虾蟹患病的原因和疾病预防

一、虾蟹患病的原因

随着虾蟹类养殖的发展，养殖技术越来越成熟，但虾蟹类病害出现的次数却越来越多，造成的损失也越来越大。在虾蟹养殖过程的每一个环节都有无数种可能造成虾蟹的疾病和损伤，这些致病和致死因素归纳起来包括人为因素、环境因素、生物因素和虾蟹自身因素等。每一种疾病和致死、致伤现象的发生都不是孤立的，都是这几种因素综合造成的。

1. 人为因素

主要指养殖过程中以人的管理和操作为主因引起的虾蟹疾病、死亡或损失。如购买的苗种来自疫区，带入原发性病原；苗种运输前未暂养，造成运输死亡率过高；捕捞、运输过程中操作野蛮，粗手粗脚，造成虾蟹受伤，从而引起真菌病和其他疾病继发感染；运输过程中忘记喷淋水以保持湿润，或降温，造成运输过程中虾蟹闷死、晒死或缺氧死亡；运输过程路线规划不好，遇到拥堵、误车、误机，运输时间过长，虾蟹死亡；没有做好放养计划，放养时遇到恶劣天气如大风、台风、高温酷热直晒等，造成苗种损失；放养时没有注意温度、盐度的调整，造成盐度差、温差过大，虾蟹出现死亡甚至全军覆没；投喂不科学，配合饲料营养不全面，饲料腐败变质；鲜活饵料没消毒，带入病原生物；日投饵量过大，水质恶化，过小，虾蟹自相残杀；水质管理不当，造成水质恶化，引起虾蟹患病和死亡；疾病预防措施不当；使用药物太多，造成水质恶化；管理不当，造成敌害生物入池，或虾蟹逃逸等。所以说"三分养，七分管"，从购买苗种、人工繁殖到出池的整个过程的每一个环节都不能掉以轻心。

2. 环境因素

主要指养殖环境为主因造成的虾蟹疾病、死亡或损失。如池塘水源污染；水源不足，用水时无清洁水；养殖池淤泥过多，或残渣剩饵、排泄物及蜕的壳过多，高温季节发酵耗氧，造成缺氧；水温控制不力，水温过高或过低，造成虾蟹死亡或患病；水位变化频繁，造成虾蟹挖洞穴居；盐度不适宜，造成蜕壳不遂；盐度变化过大，造成死亡；养殖期间水体 pH 容易下降，又不能及时采取措施，造成虾蟹患病或溜边死亡；水质过肥，造成缺氧，过瘦，也会造成缺氧或天然饵料不足；池塘内敌害生物卵较多，造成敌害生物大量繁殖，引起寄生虫病或其它继发性疾病；养殖场处在水鸟栖息地，水鸟取食造成虾蟹损失等。实际上，环境因素造成的损失，归根结底还是管理不当惹的祸，生产中完全可以通过加强管理，避免这些不必要的损失。

3. 生物因素

主要指病原生物和敌害生物。病原生物主要指能直接引起虾蟹患病的寄生虫、真菌、细菌、病毒和藻类等，敌害生物是指直接造成虾蟹死亡或受伤的水老鼠、水蛇、蟾蜍、野杂鱼和水鸟等。敌害生物在养殖池中是要完全杜绝的，可以通过放养虾蟹前彻底清塘消毒、进排水口安装栏栅和拦鱼网、养殖用水要过滤入池、池塘周边利用各种方法清除敌害、驱赶鸟类等措施尽量使之远离池塘；许多病原生物是长期存在于池塘中的，只是数量较少，只有在水质恶化，养殖虾蟹免疫力下降，抗病力降低时，它们才乘虚而入，侵入体内，大量繁殖，造成疾病。因此生产中，还是要归结到饲养管理。通过加强管理，强化虾蟹的免疫力和抗病力，保持水质良好，不给病原生物以可乘之机。

4. 虾蟹自身因素

虾蟹亲本或苗种自身的先天不足也会造成养殖的损失。如虾蟹亲本或苗种来自疫区，自身带毒，又未经检验，进入养殖池塘，气温回暖后会引发疾病；虾蟹亲本是引进后多次传代后的育成品，养殖性能、抗病性能和繁殖性能都已严重退化，育成的苗种自然会"弱不禁风"，养殖过程中生长慢、饵料系数大，而且易患病；虾蟹苗种掺假，如购买一代苗，得到的却是三代或四代苗，购买中华绒螯蟹苗，得到的却是日本绒螯蟹、狭颚绒螯蟹或直额绒螯蟹的苗等；苗种体质弱，可能是暂养时间过长，也可能是运输时间过长，还可能是多次产卵种类最后产的苗种；成蟹养殖时投放的苗种是性成熟的"老头蟹"等。这些虾蟹自身的原因分析起来，根本也是人为因素。

综上所述，无论什么品种的养殖，成败的关键都是人的管理。从养殖过程的每一个环节入手，认认真真地做好每一项具体工作，不马虎，不敷衍，才是预防疾病、提高成活率和回捕率、提高产量的成功之道。

二、虾蟹病的预防

虾蟹生活在水中，其活动情况和身体状况很难观察。一旦我们发现异常,为时已晚,这时虾蟹已经开始死亡,几乎无药可医。因此虾蟹养殖过程中,应该以预防疾病为主,原则是:"预防为主,治疗为辅,无病先防,有病早治"。从养殖过程的每一个环节入手,制订出预防疾病的具体措施,并认真执行。

1. 购买苗种和亲蟹

要选择正规的原种场或良种场,绝不在无牌、无证、无专门技术力量的苗种场购苗。有条件的,最好购买 SPF 苗,或经过专门机构检疫后购苗,杜绝在疫区购苗。购买的苗种同一批次要规格一致,具有该苗种正常的形态特征,体色光洁,体无附着物,爬动有力,无伤无病无残。

2. 捕捞、运输操作细心

要手脚轻快,操作轻柔,尽量缩短离水时间,避免虾蟹受伤。

3. 运输放养有计划

运输、放养前查看天气预报、了解路况,检查工具、养殖池塘准备情况,做好详细计划和特殊情况应急措施,争取尽量缩短运输时间。

4. 运输前要暂养

无论购苗还是售苗,运输前暂养都是提高运输成活率的有力保证。

5. 运输过程中

要有专人押车,随时观察运输水温、苗种活动情况,必要时停车降温或加水。运输河蟹亲蟹和商品蟹要保持湿润,经常喷淋。

6. 养殖场选址

选择水源充足,水质符合养殖、育苗用水的要求,周围安静、通电、通路的地方建厂。建厂时，首先应对水源进行周密调查，要求水源清洁，不带病原及有毒物质，水源的理化指标应适宜养殖鱼类的生活要求，不受自然因素、工农业及生活污水的影响；其次，应保证每年的水量充足，一些长期有工农业污水排放的河流、湖泊、水库等不宜作为养殖水源。如果所选水源无法达到要求，可考虑建蓄水池，将水源水引入蓄水池后，使病原在蓄水池中自行净化、沉淀或进行消毒处理后，再引入池塘，就能防止病原从水源中带入。

7. 科学设计养殖池塘

养殖池塘的设计，关系到池塘的通风、水质的变化、季节对养殖水体的影响等，是万万不可忽视的。在我国北方地区，东西走向的池塘与南北走向的池塘相比较，疾病发病率就较低；能够将池水完全排出的池塘，相对于常年不干、渗水严重的池塘，便于管理，疾病发生时药效容易发挥，因此疾病死亡率较低。

另外，每个池塘设计上独立的进排水设施，而不是排放到相邻的池塘，这样就可以避免因水流而把病原带到另一个池塘去的可能。

8. 池塘和稻田准备

苗种放养前15天或受精卵孵化前1个月，池塘或稻田就要清整，挖出过多淤泥，疏通进排水口，加固堤埂，安装栏栅、拦鱼网和防逃设施，设置塘底隐蔽物，移植水生植物，用药物彻底消毒，加注过滤水，施肥肥水备用。

9. 放养

苗种放养要选择晴天无风或微风的早晨、傍晚或阴雨天，避免阳光直射。放苗时注意水温、盐度的变化，放苗前后温差、盐度差不能过大。虾蟹类放苗要多点投放，不能集中在一处。同一养殖水域要放养来源相同、规格一致的苗种，避免生长速度不同、大小差异造成同类相残。

10. 苗种和亲本消毒

重视苗种和亲本起运前和放养前的浸浴消毒工作，杜绝异地或异池病原进入养殖池塘。消毒时应注意消毒药物的浓度、消毒水温和时间的关系，随时观察，发现异常马上采取有效措施。

11. 放养密度合理

放养密度应根据苗种规格、池塘和稻田条件、养殖经验、饵料种类和丰度以及管理水平、预计产量等情况科学计算、合理确定，不应盲目根据他人经验或书本确定。

12. 科学投饵

科学合理地投喂饵料是促进虾蟹生长、蜕壳和性成熟的关键，也是避免池塘水质恶化的重要措施。不同时期的饵料种类要合理搭配，日投饵量要根据虾蟹生长发育阶段的要求确定，投饵要"定时、定量、定质"，还要根据天气、水质和虾蟹的活动、摄食情况酌情增减，既要提供虾蟹全面充足的饵料，又尽量避免人工代饵污染水质。

13. 养殖"四消"

即养殖期间的消毒工作做到"苗种消毒、饵料消毒、工具消毒、食场消毒"。苗种消毒多在放养前，苗种场一般起运前也要消毒；饵料消毒是指动植物性鲜活饵料，为避免带菌入池，先用漂白粉或新洁尔灭消毒，冲洗干净后再入池；工具消毒是指消毒冲洗养殖用到的所有工具，包括捞海、育苗袋、蟹苗箱、运输车辆、网箱、网布、过滤筛绢以及作为隐蔽物的瓦片、竹筒等；食场消毒，是指平时投饵的场所、地点经常泼洒漂白粉或生石灰消毒。

14. 保持适宜的水深和水色

养殖池塘和稻田，要保持相对稳定的水位，一般遵循"春浅、夏满、秋勤"的原则，避免水位经常变动；一般水色是水肥瘦的指标，不同养殖对象对养殖用水肥瘦要求略有不同，要根据养殖对象要求合理施肥，保持一定透明度。

15. 水质

保证养殖池水水质清新，各项水质指标符合养殖用水要求。常用的水质处理措施有加水、换水，使用水质改良剂、改底剂，适时开增氧机和倒池等。在主要生长季节，晴天的中午开动增氧机，充分利用氧盈，降低氧债，改变溶氧分布的不均匀性，改善池水溶氧状况。

16. 药物防病

虾蟹生长旺期定期采用低毒药物外用和拌饵投喂预防疾病。用中草药扎成小捆，放在池中沤水，可预防多种寄生虫病；采用漂白粉挂袋法在水草茂盛的水域消毒池水；采用药物拌饵法预防肠道疾病。用药不要长期使用一种药物，要多种药物交替使用，尽量使用中草药制剂，减少化学药物使用，降低水质污染概率。

17. 加强巡塘

巡塘过程，要认真仔细，不要敷衍，做到"七看"，看天、看水、看季节、看蟹吃食、看蟹活动、看蟹蜕壳、看敌害；及时清除残饵、死虾蟹、腐草和树根；保持环境安静，无人、畜干扰；适时捕捞，科学妥善暂养；做好有关记录和总结。

18. 坚持隔离制度，防止病原传播

坚持"四消"；病池、病体要隔离；死亡个体及时捞出深埋；患病或带病个体不能进入养殖池、蓄水池和进水沟渠，以

免病原传播。

19. 加强越冬管理

对要经历越冬期的河蟹，越冬前要作严格处理，大小分养，严格消毒，加强投喂。有伤有病个体要挑出单独养伤养病，痊愈后再入越冬池。越冬期间保持周边环境安静，加强管理，防缺氧，防浮头。

20. 人工免疫

用给虾蟹喷雾、口服、浸泡疫苗等人工方法，促使虾蟹获得对某种疾病的免疫力。目前，在对虾的疾病防治过程中，免疫法得到了广泛的应用。对虾的白斑综合征病毒（WSSV）纳米疫苗、亚单位疫苗研究取得突破性进展；对虾弧菌病多价载体疫苗获得专利。

第二节　常见的虾病

由于虾类疾病基本无药可医，因此本节只介绍虾病的种类、病原、症状、流行病学和诊断，对治疗不再赘述。

一、病毒病

1. 白斑综合征

【病原】白斑综合征病毒（white spot syndrome virus，WSSV），属于双链 DNA（dsDNA）病毒，大小 150 纳米 × 450 纳米，有被膜，无包涵体。病毒粒子位于鳃、肝胰腺膜和肠道等组织的细胞内，最显著的是病毒粒子一端的细丝状或鞭毛状突起。

【症状与流行】该病在不同国家和国际组织有着不同的称

呼。世界动物卫生组织（OIE）的名录中简称为白斑病（white spot disease，WSD）。该病由亚洲流行扩散到美洲。该病发病急，死亡率高。虾患病初期停止摄食，虾体变软，离群、靠边或缓游于水面，此后出现空肠胃、身体发红、肝胰脏甚至肠道变红、肝胰腺肿大等症状；随后有濒死虾在池塘边的水面上游动，其表皮具圆形白色颗粒或白斑，甲壳内侧有无法刮除的白斑。但外界环境应激因素如高pH或细菌病，也可以导致对虾甲壳上出现白斑，而有时患白斑病的濒死虾甲壳上白斑很少或不出现白斑。因此，白斑症状不能完全作为感染WSSV的诊断依据。

【诊断】根据头胸甲白斑症状，做初步判断；确诊需用PCR（聚合酶链式反应）方法、Western blot（蛋白质印迹）方法和DNA原位杂交技术来检测。

【感染对象】可感染多种对虾，还包括蟹类和桡足类等几乎所有甲壳类，甚至包括藤壶，并造成死亡。

2. 黄头病

【病原】黄头病毒（yellow head virus，YHV），属于双链RNA（dsRNA）病毒，病毒杆状，（50～60）纳米×（150～200）纳米，无被膜。病毒粒子位于肝胰腺、鳃、结缔组织和肌肉等的细胞内。在黄头病中有6个基因型的病毒，YHV为基因1型，是黄头病的唯一病原。

【症状与流行】黄头病（yellow head disease，YHD）在亚洲各国的斑节对虾和南美白对虾养殖中常见，近年来在美洲也有发生。对虾患病初期食欲特别旺盛，突然不明原因停止吃食，短期内出现死亡。临床症状表现为头胸部因肝胰腺发黄而变成黄色，显得特别软。传染快，死亡快。

【诊断】在疾病暴发期间，根据头胸部变黄做初步判断；用组织病理做初步诊断。将濒死虾的鳃、皮下组织制成压片或切片，苏木精-伊红染色（简称 HE 染色），镜检可见大量圆形的强嗜碱性细胞质包涵体；用外观正常的感染虾制备血淋巴涂片，能看到血细胞核发生固缩和破裂。而濒死虾由于血淋巴已丢失，则通常看不到。确诊需要用 RT-PCR（反转录 PCR）方法、Western blot 方法或核酸原位杂交分析等方法。对无症状带毒虾和其他甲壳动物的检测，仅用组织病理方法检查难以确诊。

【感染对象】南美白对虾、斑节对虾等。

3. 桃拉综合征

【病原】桃拉综合征病毒（taura syndrome virus，TSV），属于细小单链 RNA（ssRNA）病毒，直径 30～32 纳米，有包涵体。病毒及其包涵体位于鳃、肠等组织的细胞内。

【症状与流行】桃拉综合征（taura syndrome，TS）在亚洲、美洲等多地发现，主要感染 14～40 日龄仔虾。患病虾身体从尾扇开始发红，发红部位逐渐前推，病虾不变软，属亚急性可复原型虾病，病情后期身体出现黑斑。该病可分为急性期、过渡期和慢性期三个症状明显不同的阶段。急性期病虾全身呈暗淡的红色，而尾扇和游泳足呈明显的红色，用放大镜观察细小附肢（如末端尾肢或腹肢）的表皮可见到上皮坏死的病灶；过渡期的病虾表皮出现多处随机、不规则的、黑色沉着的病灶，可据此对疾病作出初步诊断；慢性期病虾无明显症状，但淋巴器官会有病毒。淋巴器官中的球状体是最明显的病灶，这是由细胞形成的球状堆积，导致正常淋巴器官的中心导管缺失。

【诊断】可以用观察临床症状、组织学变化进行初步诊断，用电镜检查病毒粒子，或用 cDNA 探针和 PCR 等方法确诊。

【感染对象】主要感染养殖的南美白对虾和南美蓝对虾，人工感染还能感染中国对虾、斑节对虾和日本对虾等。

4. 传染性皮下和造血器官坏死病

【病原】传染性皮下和造血器官坏死病毒（infectious hypodermal and hematopoietic necrosis virus，IHHNV），为细小病毒科（Parvoviridae）浓核病毒属（*Brevidensovirus*）的一个暂定种，也称为南美蓝对虾浓核病毒（PstDNV）。属于单链DNA（ssDNA）病毒，病毒粒子为正二十面体，直径20～22纳米。病毒位于鳃、前中肠、神经、造血组织、生殖腺、结缔组织和肌肉组织中。

【症状与流行】传染性皮下和造血器官坏死病（infectious hypodermal and hematopoietic necrosisdisease，IHHN）流行于美洲、东亚、东南亚和中东等地区，对各种养殖对虾造成危害；但南美白对虾和斑节对虾则只引起生长缓慢和表皮畸形，不造成死亡。IHHNV主要感染表皮、前肠和后肠的上皮、性腺、淋巴器官和结缔组织的细胞，很少感染肝胰腺。病虾池边散游，甲壳发白或有浅黄色斑点，肌肉白浊等。

【诊断】IHHNV的初步诊断，用组织学方法观察到上述组织的细胞核内明显的嗜伊红包涵体，边缘常出现光环，带包涵体的细胞核体积增大、染色质边缘分布。IHHNV的确诊要取血淋巴或取附肢（如腹肢），用PCR、DNA探针进行检测。

【感染对象】斑节对虾、南美白对虾、墨吉对虾和短沟对虾等。

5. 肝胰腺细小病毒病

【病原】肝胰腺细小病毒（hepatopancreatic parvovirus，HPV）属于ssDNA病毒，病毒粒子呈正二十面体，直径22～24纳米，无被膜，有包涵体。病毒粒子位于肝胰腺管上皮细胞内。

【症状与流行】病毒能感染海水和半咸水中的各种养殖和

野生对虾。流行地区包括印度洋和太平洋地区、西非、马达加斯加、中东和美洲。病毒主要感染消化腺即肝胰腺。感染虾的肝胰腺压片或切片,可以观察到细胞中形成核内包涵体,感染细胞的核也变得肿大,并像一顶帽子在包涵体上方。病虾壳变软,肝胰腺萎缩坏死,上皮细胞核体积增大,内有嗜碱性包涵体。

【诊断】初步用病理学切片,光学显微镜(LM)下检查包涵体,电子显微镜(EM)下检查病毒粒子。确诊需要用PCR方法检测,但没有一种PCR引物可以检测各地区所有的HPV株,要根据不同地区选用不同的引物。也可以用特异性的DNA探针做原位杂交来确诊。

【感染对象】斑节对虾、中国对虾、墨吉对虾和短沟对虾等。

6. 白尾病

【病原】罗氏沼虾野田村病毒(macrobrachium rosenbergii nodavirus,MrNV)是主要病原,一种RNA病毒,病毒粒子为无囊膜的二十面体,直径26～27纳米。在感染虾中还同时发现另外一种直径14～16纳米的极小病毒(extra small virus,XSV),是MrNV的卫星病毒,这两个病毒都和疾病有关,但它们两者之间的关系还不是很清楚。

【症状与流行】白尾病(white tail disease,WTD)也叫白肌肉病(white muscle disease,WMD),国内也叫罗氏沼虾肌肉白浊病(Macrobrachium rosenbergii Whitish muscle disease)。该病流行于南美洲北部和亚洲。已知在西印度群岛、多米尼加、中国、印度等地流行,主要感染罗氏沼虾的幼体,致使仔虾生病、大量死亡。虾苗被感染后受影响的组织是腹部和头胸部的横纹肌和肝胰腺内管的结缔组织。病虾在腹部(尾部)出现白色或乳白色混浊块,并逐渐向其他部位扩展,最后除头胸部外,全身肌肉呈乳白色。感染后的仔虾呈乳白色和不透明,出现这些症状通常随后就死亡,死亡率达到95%以上。

【诊断】临床症状和组织病理检查能初步诊断。组织病理变化的特点是,在大多数组织和器官的结缔组织细胞中有浅色到深色嗜碱性网状细胞质包涵体。派洛宁-甲基绿染色,可以用来区分典型的染成绿色的MrNV病毒包涵体和血细胞的细胞核。用RT-PCR方法或者LAMP(环介导等温扩增)方法检测可以确诊。

【感染对象】罗氏沼虾。

7. 传染性肌肉坏死

【病原】传染性肌肉坏死病毒(infectious myonecrosis virus,IMNV),dsRNA病毒。病毒粒子为二十面体颗粒,直径40纳米。病毒颗粒包含在虾的横纹肌内。

【症状与流行】传染性肌肉坏死病(infectious myonecrosis,IMN)发生在海水和半咸水养殖的南美白对虾中,可感染各年龄段的虾,流行于巴西东北部和东南亚。养殖南美白对虾的虾苗和半成虾出现大量病虾和高死亡率,但发展到慢性阶段是持续的低死亡率。虾被感染后横纹(骨骼)肌出现大量白色坏死区域,尤其是在腹部远端部分和尾扇,个别虾这些部位坏死和发红。该病与罗氏沼虾的白尾病在临床症状和组织病理方面比较相似。

【诊断】用常规的石蜡切片和HE染色观察做初步诊断,用RT-PCR,或者用cDNA(互补DNA)探针的原位杂交检测确诊。

【感染对象】养殖的南美白对虾。

8. 斑节对虾杆状病毒病

【病原】斑节对虾杆状病毒(monodon baculovirus,MBV),

属于 dsDNA 病毒，大小 75 纳米×325 纳米，具被膜，是一种产生球形包涵体的杆状病毒。病毒及其包涵体位于肝胰脏的腺管及中肠上皮细胞内。

【症状与流行】MBV 可感染各年龄段虾，在养殖和野生对虾中广泛分布，但正常情况下不发病，只有环境恶劣时会引发疾病，引起斑节对虾大量死亡。患病虾无特殊症状表现，其活性降低，摄食和生长能力下降，自净行为减少，体表和鳃部常有生物附着，肝胰腺肿大。切片光镜下镜检可见，在肝胰腺和中肠腺感染了病毒的细胞核内有嗜酸性圆形包涵体，或在粪便中裂解的细胞碎片内有游离的包涵体。

【诊断】镜检肝胰腺中有没有球形的包涵体是最简单的方法。或 EM 下检测病毒粒子，或用基因探针做原位杂交和 PCR 方法也可以检测病毒。

【感染对象】斑节对虾、墨吉对虾和短沟对虾等。

9. 对虾杆状病毒病

【病原】对虾杆状病毒（baculovirus penaei，BP），属于 dsDNA 病毒，病毒粒子大小（55～75）纳米×300 纳米，具被膜，是一种能产生三角形包涵体的杆状病毒。病毒及其包涵体位于肝胰脏及中肠上皮细胞内，在生殖细胞中无。

【症状与流行】感染对虾幼体、仔虾和稚虾，广泛危害养殖和野生对虾。南美和北美洲（包括夏威夷）有发现。病虾无特殊症状，其活性降低，摄食和生长下降，自净行为减少，体表和鳃部常有生物附着，肝胰腺肿大。光镜镜检可见，在肝胰腺和中肠腺的上皮细胞内出现大量的三角形的核内包涵体，或在粪便中裂解的细胞碎片内有游离的三角形包涵体。

【诊断】镜检肝胰腺中有特征性的三角形包涵体是最简单的诊断方法。用基因探针做原位杂交和 PCR 方法也可检测病毒。

【感染对象】南美白对虾、墨吉对虾等。

10. 产卵死亡病毒病

【病原】产卵死亡病毒（spawner-isolated mortality virus，SMV）。DNA病毒，病毒粒子直径20纳米。

【症状与流行】产卵死亡病毒病（spawner-isolated mortality virus disease，SMVD）主要危害斑节对虾稚虾和未成年虾，澳大利亚和菲律宾养殖中流行。患病虾无特异性临床症状和组织病理学变化。感染病毒的稚虾可能会表现出体色变浅、昏睡、体表污损和厌食。在肝胰腺、中肠和盲肠部分的切片中，会观察到血细胞渗透、坏死，细胞脱落到中肠和肝胰腺的内腔。

【诊断】该病没有特别的临床症状或组织病理学损伤作为初步诊断的参考。要确诊SMV感染，靠取肠组织做电镜切片观察病毒粒子，或者用PCR方法和原位杂交方法来完成。

【感染对象】斑节对虾稚虾和未成年虾。

11. 中肠腺坏死杆状病毒病

【病原】中肠腺坏死杆状病毒（baculoviral midgut gland necrosis virus，BMNV），属于dsDNA病毒，大小70纳米×300纳米，具双层被膜，不形成包涵体。病毒粒子位于肝胰脏及中肠上皮细胞内。

【症状与流行】中肠腺坏死杆状病毒病（baculoviral midgut gland necrosis，BMN）主要危害对虾幼体，感染对象主要是日本对虾，并可人工感染斑节对虾、中国对虾和短沟对虾。该病在日本、韩国、菲律宾、澳大利亚和印度尼西亚流行。BMNV感染的主要靶器官是肝胰腺。幼体和仔虾患病后，首先可看到白浊的肝胰腺（中肠腺）呈雾状，随着疾病的发展，白浊化越来越明显。对虾苗和幼虾危害严重，感染病毒的细胞的细胞核体积增大。

【诊断】肝胰腺湿压片或切片后作组织病理观察。LM 镜检感染 BMNV 濒死的幼虾出现中肠腺（肝胰腺）细胞核体积增大，不产生核型包涵体，EM 下检测病毒粒子。根据这些特征即可确诊。

【感染对象】斑节对虾、日本对虾、中国对虾和短沟对虾等。

12. 莫里连病毒病

【病原】莫里连病毒（Mourilyan virus，MoV），是分节段的负链 RNA 病毒。病毒粒子球状或卵形，直径 85～100 纳米，有囊膜。病毒在细胞质里复制，在内质网膜上成熟出芽。

【症状与流行】莫里连病毒病（Mourilyan virus disease，MoVD）能引起对虾急性感染和大量死亡，可感染斑节对虾和日本对虾各年龄段的虾。在亚洲和太平洋地区，如澳大利亚、斐济、马来西亚、泰国和越南等地流行。病毒会聚集在斑节对虾的眼球神经丛、淋巴、鳃、肝胰腺和中肠等组织处。病虾头胸部组织的 HE 染色切片中，有些细胞核体积增大的细胞聚集在一起，被称为球状体，这是莫里连病毒在淋巴器官中引起的最明显的病理变化。

【诊断】组织病理检查能做初步诊断。用原位杂交技术检测组织切片，或者用套式 RT-PCR、实时荧光 RT-PCR 等方法检测淋巴器官、鳃或血细胞可以确诊。

【感染对象】斑节对虾和日本对虾各年龄段的虾。

13. 呼肠孤病毒病

【病原】呼肠孤病毒（reovirus，REO），属于 dsRNA 病毒，病毒粒子为正二十面体，直径 50～70 纳米，无被膜，有包涵体。

【症状与流行】病虾无明显特异性症状,病虾的肝胰腺萎缩和坏死,包涵体嗜酸性。

【诊断】初诊 LM 下检查包涵体,EM 下检查病毒粒子;确诊需借助 PCR 方法和原位杂交方法来完成。

【感染对象】日本对虾等。

二、细菌与真菌病

1. 螯虾瘟

【病原】丝囊霉属的变形藻丝囊霉(Aphanomyces astaci),也有人称龙虾瘟疫真菌。

【症状与流行】螯虾瘟(crayfish plague)高度危害小龙虾,传染性强,还可感染中华绒螯蟹。目前在欧洲及北美流行。患病虾主要表现为失去正常的厌光性,白天在开阔水域可见到病虾,有些个体运动失调,背朝下腹朝上。临床上最常见的症状是,患病螯虾在薄表皮透明区域下的局部肌肉组织,特别是前腹部和足关节处初期会变白,并经常伴随局部的褐色黑化。

【诊断】根据临床症状可以做初步诊断。应检查的部位包括胸腹部和尾部的软表皮、肛门周围的表皮、尾部甲壳的表皮、步足,特别是身体的接合部和鳃。有时能在受感染的表皮上看见菌丝。确诊需要通过病原分离鉴定、PCR、DNA 探针做原位杂交等方法完成。

【感染对象】克氏原螯虾、四脊滑螯虾、中华绒螯蟹。

2. 肝胰腺坏死

【病原】一种坏死性肝胰腺炎菌(necrotizing hepatopancreatitis bacterium,NHP-B),革兰氏阴性菌,大多数为棒状(0.25 微米×0.9 微米),也有的呈螺旋状[0.25 微米×(2~

3.5) 微米]。细菌多集中在患病虾肝胰腺中的各种类型的肝胰腺细胞中,在细胞质中生长。

【症状与流行】坏死性肝胰腺炎(necrotizing hepatopancreatitis,NHP)感染海水、半咸水和淡水中养殖的各种对虾,流行于美洲各国。患病虾无特异性临床症状,仅表现为软壳、失去活力、消瘦、无食欲、黑鳃、生长变缓以及肝胰腺萎缩、颜色变淡或发白等。死亡通常发生在养成阶段的中期。感染虾如果不做任何处理,则死亡率高达95%。

【诊断】根据临床症状和组织病理做初步诊断。用PCR方法或者DNA探针确诊。

【感染对象】海水、半咸水和淡水中的各种对虾。

3. 红肢病(红腿病、白血病)

【病原】由弧菌或气单胞菌等属的一些种类侵入对虾血淋巴中并大量繁殖而引起。

【症状与流行】此病危害中国对虾等多种养殖虾类。发病季节为7~10月,大批发病和导致死亡主要出现在9月至10月上旬,广东、广西和福建则在7月下旬和10月中下旬也可大批发病并引起死亡。感染率和死亡率均可达到80%以上,是对虾养成期危害严重的一种细菌性疾病。

病虾一般在池边缓慢游动,厌食或不吃食,附肢变红,特别是游泳足变红,头胸甲鳃区多呈黄色。游泳足变红是红色素细胞扩张,鳃区变黄是鳃区甲壳内表皮中的黄色素细胞扩张。病虾血淋巴稀薄,凝固缓慢或不凝固,血细胞数量减少。

【诊断】根据临床症状和组织病理做初步诊断。用PCR方法或者DNA探针确诊。

【感染对象】中国对虾等多种养殖虾类。

4. 幼体菌血病

【病原】主要为弧菌,也分离到假单胞菌和气单胞菌,其中有些细菌可发荧光。

【症状与流行】发生在对虾育苗期，尤以投喂人工饵料，例如蛋黄、豆浆等的育苗场最为常见。可感染中国对虾、长毛对虾、日本对虾、斑节对虾等从无节幼体到仔虾，特别是溞状幼体和糠虾幼体阶段是发病高峰期。此病分布广泛，我国沿海各地对虾育苗场经常出现，感染率和死亡率可达80%以上。

患病幼体摄食量下降或不摄食，体色透明，游动缓慢，趋光性差。急性感染群体，在静水中沉于水底，6～10小时内死亡；病程进展缓慢的群体，其体表和附肢上往往黏附许多单细胞藻类、固着类纤毛虫或有机碎屑等污物。

【诊断】从育苗池中将幼体舀在烧杯内，对光用肉眼观察，如看到上述病状，可初步诊断。进一步诊断，用橡皮头吸管吸取幼体，整体压片，在高倍显微镜下可看到体液中有许多运动活泼的短杆状细菌。确诊应做细菌学分离和培养，用PCR方法或者DNA探针确诊。

【感染对象】中国对虾、长毛对虾、日本对虾、斑节对虾等各年龄段的幼体。

5. 烂眼病

【病原】非01霍乱弧菌［vibrio cholerae（non-01）］。

【症状与流行】主要感染中国对虾、长毛对虾，感染率一般为30%～50%，最高可达90%。散在性死亡，死亡率不高，但严重影响生长。发病季节为7～10月，以8月最多。主要发生在河口低盐度区，或不进行清淤消毒池底的污浊虾池。亲虾越冬期间由于越冬条件不适或眼球损伤也会出现烂眼病。

病虾多伏于水草或池边水底，有时浮游于水面旋转翻滚。疾病初期，眼球肿胀，逐渐由黑变褐，随即腐烂，严重者整个眼球烂掉，仅剩眼柄。细菌侵入血淋巴后，变为菌血症而死亡。

【诊断】 根据病虾眼球症状初步诊断,需用 PCR 方法或者 DNA 探针确诊。

【感染对象】 中国对虾、长毛对虾。

6．甲壳溃疡症(褐斑病)

【病原】 患病虾体内分离到的细菌有弧菌、假单胞菌和黄杆菌等。

【症状与流行】 亲虾越冬期为流行季节,一般在越冬的中后期(1~2月)。中国对虾越冬期感染率和累积死亡率高达70%。在池塘养殖的对虾中也有发生,但一般发病率很低,危害性不大,仅见于少量虾体。

病虾体表的甲壳发生溃疡,形成褐色的凹陷,凹陷的周围较浅,中部较深。其褐色是虾体为了抑制细菌继续扩散和侵入,在伤口周围所沉积的黑色素。越冬亲虾患病除了体表的褐斑外,附肢和额剑也会烂掉,断面也呈褐色。

【诊断】 一般通过肉眼可诊断,但要与镰刀菌病区分。

镰刀菌病主要表现在头胸甲鳃区,而甲壳溃疡位置较分散,背甲、侧甲、尾扇、触角鳞片和额剑等处都有可能。

其次,镰刀菌病在显微镜下很容易观察到菌丝体及分生孢子,而褐斑病多为运动性杆菌。

【感染对象】 中国对虾。

7．黑鳃和烂鳃病

【病原】 弧菌和假单胞菌。

【症状与流行】 本病发病季节为高温季节(7~9月)。可感染中国对虾、长毛对虾等养殖虾类。养殖环境恶化是本病发生的主要诱因。

病虾头胸甲鳃区呈黑色。揭开头胸甲肉眼可见鳃丝呈灰色或黑色,质地脆、肿胀,从尖端向基部坏死、溃烂,有的发生皱缩和脱落。镜检溃烂组织有大量杆状细菌，严重者血淋巴内也有大量活动的细菌。

【诊断】病虾浮游于水面，游动缓慢，反应迟钝，对鳃区变黑的虾可作出初诊。进一步诊断应区别由固着类纤毛虫和镰刀菌等引起的黑鳃。

方法：从黑鳃处用镊子取少许组织制成水封片，在显微镜下观察，后者很容易看到固着类纤毛虫或镰刀菌的菌丝和分生孢子。如为运动活泼的短杆菌，可诊断为黑鳃和烂鳃病。

【感染对象】中国对虾、长毛对虾等养殖虾类。

三、寄生虫病

1. 微孢子虫病

【病原】在我国发现有三种：中国对虾、墨吉对虾上的微粒子虫；墨吉对虾上的八孢虫；长毛对虾上的匹里虫。

【症状与流行】微孢子虫病在两广地区是较为常见和危害较大的对虾病。虽为慢性病，但感染率可达90%，累积死亡率可达50%以上。青岛养殖的对虾曾出现急性感染，数百亩虾池2周内大量死亡。不同种类的病原感染症状有所差异。墨吉对虾、中国对虾肌肉上寄生的微粒子虫，使肌肉变白混浊，不透明，失去弹性，故称之为"乳白虾"或"棉花虾"。

墨吉对虾卵巢感染八孢虫后，背甲往往呈橘红色。

微孢子虫病多为一种慢性病，通常病虾逐渐衰弱，最后死亡。

【诊断】对虾的病毒性疾病、弧菌病和肌肉坏死病均可使肌肉变白，因此确诊须取变白组织涂片或水浸片，高倍显微镜下镜检，观察到孢子或孢子母细胞，才能确诊。

【感染对象】中国对虾、墨吉对虾。

【治疗方法】目前尚无有效治疗方法。

2. 拟阿脑虫病

【病原】 蟹栖拟阿脑虫。

【症状与流行】 此虫生长和繁殖的最适水温为10℃左右，与亲虾越冬期水温吻合，因此主要危害人工越冬亲虾，并成为越冬亲虾危害严重的疾病。主要流行于辽宁、河北、山东，在江浙沿海也有发现。发病期从12月上旬可一直延续到翌年3月亲虾产卵前，发病和死亡高峰为1月份，感染率和死亡率高达90%。

病虾外观无特异性症状，但额剑、第二触角及其鳞片的前缘、尾扇的后缘和其它附肢常有不同程度的创伤，有的则具有褐斑。严重者不摄食，侧卧池底。疾病晚期，血淋巴中充满了大量虫体，呈白浊色，不凝固，血细胞几乎全被虫体吞食；虫体侵入到鳃或其它组织器官后，由于虫体在其中不停地钻动，鳃或其它组织受到严重损伤。

【诊断】 从亲虾伤口取少许溃烂组织，制成水封片，镜检，如发现虫体，即可确诊。

【感染对象】 越冬亲虾。

【治疗方法】 发病初期用淡水浸洗病虾3～5分钟；用福尔马林全池泼洒，用量为25克/米^3，12～24小时后换水。视病情可重复。

3. 固着类纤毛虫和吸管虫病

【病原】 常见的病原有聚缩虫、独缩虫、累枝虫、钟虫、壳吸管虫、莲蓬虫等。虫体多呈倒钟罩形，前端为口盘，其上有纤毛或吸管；后端有柄，借以固着在对虾体表或鳃上。

【症状与流行】 世界性分布，我国各地均有。流行盛季：育苗期4～5月；养殖成期7～9月。传播方式为随水带入，投喂的鲜活饵料带入等。

寄生虫附着在虾的体表、鳃和附肢上。少量附着时，无明显症状和病变;附着多时,虾体表可见一层灰黑色、淡绿色、铁锈色(随不同种类)等绒状物,或头胸甲鳃区变黑,因此该病又称为"黑鳃病"。患病幼体游动缓慢,摄食能力下降,生长停止,不能变态和蜕皮;养殖期的虾体瘦弱,肌肉失去弹性、柔软,甲壳表面污损严重。

【诊断】外观症状初诊,确诊可从体表、鳃上取附着物封片镜检。

【治疗方法】养成期治疗:

① 全池泼洒茶籽饼 10~15 克/米^3,或皂素 1 克/米^3;同时投放优质饲料,以促进对虾蜕皮,蜕皮后排水换水(注:鱼虾混养池不能泼茶籽饼);

② 全池泼洒福尔马林 25 克/米^3,或高锰酸钾 3~5 克/米^3,或新洁尔灭 0.5~1 克/米^3(注:也可先排放一定量池水,按比例提高施药浓度,施药后 2~3 小时,加注新水,恢复原水位)。

育苗池治疗:

① 暂时提升水温 2~3℃,并投喂优质饵料,促进幼体变态蜕皮,然后换水;

② 全池泼洒制霉菌素 35 克/米^3,2.5 小时后换水。

第三节 常见的蟹病

河蟹的疾病主要有微生物类疾病、寄生虫病和其它方面疾病。

一、幼体培育阶段的常见病害

1. 固着类纤毛虫和吸管虫病

【病原】常见的病原有聚缩虫、独缩虫、累枝虫、钟虫、壳吸管虫、莲蓬虫等。虫体多呈倒钟罩形，前端为口盘，其上有纤毛或吸管；后端有柄，借以固着在对虾体表或鳃上。

【症状与流行】当海水盐度在1.3%左右，水温为18～20℃时，聚缩虫在河蟹幼体上附着并大量繁殖，严重时可超过幼体大小的2～3倍，使幼体漂浮于水面上呈白絮状，严重影响幼体正常生长发育，并造成幼体大批死亡。

【防治方法】在水温适宜、池水肥度稍大时易引发聚缩虫大量繁殖，可通过经常换水，保持培育池水质清爽，透明度在40厘米以上，来预防此虫的发生。或一旦发现有聚缩虫附着，可全池泼洒福尔马林，使池水浓度呈10毫克/升，并在当天下午进行水体交换，排出剩余福尔马林。

2. 菱形海线藻病

【病原】由菱形海线藻引起，此藻属浮游硅藻门羽纹纲。它的细胞以胶质连接成星状或锯齿状群体，壳环面呈狭棒状。

【症状与流行】在盐度达3%左右，水温18～20℃，水质肥沃、光线充足的幼体培育池中，易大量繁殖菱形海线藻，其群体大量附着在溞状幼体上，使溞状幼体极不舒服，不断扭动挣扎，不能正常生长发育，4～5天即死亡。

【防治方法】目前尚无很好的防治方法。大多数养殖单位只能采用增加换水、控制光照以及适当加温的方法，促进幼体变态和控制菱形海线藻繁殖。

3. 水蜈蚣

【病原】俗称水夹子，即龙虱幼虫。身体呈长锥形，棕黄或棕黑色，头部有一对钳形大颚，足3对，以腹部末端呼气管伸出水面呼吸。

【症状与流行】龙虱幼虫常常将腹部末端伸出水面，头倒立向下，一面呼吸一面伺机捕食，性残贪食，对各期河蟹幼体都危害极大。有人试验过,一条水蜈蚣 4 小时内能残杀 28 只第Ⅳ期溞状幼体,3 小时内能吃掉 15 只大眼幼体。可见其危害之大。

【防治方法】除彻底清塘消毒外,对培育池出现的水蜈蚣可用捞海捕捉。

4. 华哲水蚤

【病原】属甲壳类哲水蚤目,身体长锥形,有一对接近或超过身体长度的第一触角。第二小颚发达,有羽状刺毛,以此和颚足捕捉食物。

【症状与流行】在水体优越的培育池中,华哲水蚤易大量繁殖,形成种群优势,与溞状幼体争饵料、争氧气、争水体、扰乱幼体安宁,严重影响幼体发育,使溞状幼体很难培育到第Ⅱ期。

【防治方法】注意彻底清塘,引进海水时,严格过滤。

5. 摇蚊幼虫

【病原】摇蚊的幼虫,体大型,体长 20~30 毫米,红色,俗称血虫。蠕虫状,头部有一对眼点、一对触角,口器发达。腹部第七节有一对指状侧鳃,最后一节肛门附近有 2~3 对肛鳃。

【症状与流行】摇蚊幼虫多为杂食性,但其中肉食性摇蚊幼虫捕食能力相当强。在一只培养皿中加入 10 只摇蚊幼虫,24 小时内可将 10 只Ⅱ~Ⅳ期溞状幼体消灭,6 只Ⅴ期溞状幼体只剩 1 只。

【防治方法】在育苗结束后,育苗池内放入鲤鱼吞食摇蚊幼虫,以达消灭的目的。培育期间可用 0.2%~0.3% 福尔马林杀死。

6. 幼体曲弓反背病

【病原】该病病因目前尚未有定论,主要发生于幼体培育期。

【症状与流行】患病幼体腹部出现褐色斑块,肠道无食物,尾部向背弯曲至头部,可造成死亡。

【防治方法】以预防为主,常换水,定期用生石灰消毒池塘,用土霉素拌饵投喂。

二、幼蟹和成蟹的病虫害

1. 寄生虫病

(1) 蟹奴

【病原】蟹奴属蔓足类动物,寄生在蟹腹部,以河蟹体液作为营养物质。其体形为扁平圆形,白色、枣状,无口器、附肢,只有生殖腺。它的幼虫钻到河蟹腹部刚毛的基部,生出根状物,遍布河蟹全身,并蔓延至内部一些器官。一只蟹常被几个乃至数十个蟹奴寄生,这样的河蟹肉味恶臭,不可食用,渔民称之为"臭虫蟹"。

【防治方法】①严格清塘,杀灭塘内蟹奴。通常用漂白粉、敌百虫、福尔马林、铜铁合剂等。

②蟹池放养一部分鲤鱼,利用鲤鱼吞食蟹奴。

③一旦发现寄生蟹奴,用铜铁合剂遍池泼洒,使池水浓度为0.7毫克/升。

(2) 肺吸虫

【病原】一种人畜共患寄生虫病,其尾蚴易侵入河蟹体内,造成河蟹不适,影响其生长。

【防治方法】不可将新鲜粪直接倒入蟹池,要将新鲜粪便与生石灰混合均匀,充分发酵腐熟后再施肥;消灭池中及周围淡水螺,人工移植的螺蚌要消毒。

(3) 薮枝螅

【病原】形似植物,属刺胞动物门水螅虫纲,群体分布,附着生长,以出芽生殖增大群体。易着生于河蟹背部。

【防治方法】以0.1%福尔马林浸洗蟹苗、扣蟹及亲蟹,再入池。

(4) 藤壶

【病原】属蔓足类,无柄固着生物。体表有坚硬石灰质板,有6对蔓枝状胸肢,无腹肢,常固着在河蟹背部。

【防治方法】主要加强管理,增强河蟹个体活动能力。如少量河蟹患病,也可将其放在0.1%的福尔马林液中浸浴。

(5) 苔藓虫

【病原】苔藓虫可形成群体,出芽生殖和再生能力都很强,也固着在河蟹身体上。

【防治方法】用0.1%福尔马林液浸浴。

2. 微生物引起的疾病

(1) 黑鳃病 病蟹由于细菌感染,发生死亡,解剖可见其鳃发黑,略带腐臭味。目前尚无很好的治疗方法,重在预防,平时注意调节水质,每隔半月全池遍撒生石灰一次,有较好的预防效果。

(2) 水霉病 受伤的河蟹易感染此病。病蟹伤口周围生有霉状物,影响其生长和存活。预防的方法是在病蟹入池前用3%食盐溶液浸洗5~10分钟。

(3) 细菌感染 主要症状是内脏坏死,最后导致死亡。主要在防,平时每隔半月用生石灰或漂白粉全池泼洒,或在饵料中添加磺胺类药物或大蒜投喂。

3. 非寄生性疾病

(1) 蜕壳不遂症 蜕壳不遂症是指河蟹在蜕壳时发生生理障碍,而不能完成蜕壳,导致死亡的现象。这种病严重影响河蟹的成活率,其发生原因还不甚清楚,可能是由于河蟹自身不能分泌合成蜕皮激素所必需的一些物质，而饵料中又缺乏这些物质，如钙质、甲壳素等，从而导致蜕壳不遂。同时发现干旱和离水时间较长的河蟹发病较多，可能与新、旧壳间水分干涸、不易分离有关。

【防治方法】主要在预防，经常换水，保证水质清新，不使河蟹长期离水。定期泼洒生石灰，或在饵料中添加贝壳粉、蜕皮激素，经常在水中施用过磷酸钙也有较好效果。

(2) 青苔　青苔是绿藻门丝状体藻类聚集成的群体，广泛分布于各种水体中，多为群体，营固着生活，丝丝缕缕，绵延很长。它在池中生长速度很快，使水体急剧变瘦，对河蟹生长和摄食不利。可用生石膏粉进行防治。方法是每立方米水体用生石膏粉80克，分3次全池泼洒，每次间隔3～4天。如青苔严重，用药量可增加20克，放药后加注新水10～20厘米，可提高防治效果。

(3) 生物敌害　主要有水蛇、黄鳝、泥鳅、鲇（鱼类危害幼蟹）、蟾蜍、青蛙、鸟类等。防治要彻底清塘，设好防逃墙，进、排水口要用铁丝网罩好，池周多放老鼠夹，还要多设"稻草人"恫吓水鸟，等等。

参考文献

[1] 陈代文，余冰．动物营养学［M］．北京：中国农业出版社，2020．

[2] 胡毅，谭北平，麦康森，等．饲料中益生菌对凡纳滨对虾生长、肠道菌群及部分免疫指标的影响［J］．中国水产科学，2008，15（2）：244-251．

[3] 金鸿浩，李雨，李哲，等．克氏原螯虾营养需求与饲料研究进展［J］．水产科学，2023，42（05）：891-900．

[4] 刘敏，张海涛，孙广文，等．斑节对虾营养需求与功能性饲料添加剂研究进展（一）［J］．广东饲料，2021，30（06）：37-41．

[5] 罗娜．日本沼虾（*Macrobrachium nipponense*）饲料亚麻酸营养生理研究［D］．大连：大连海洋大学，2018．

[6] 麦康森．水产动物营养与饲料学［M］．北京：中国农业出版社，2011．

[7] 王克行．虾蟹类增养殖学［M］．北京：中国农业出版社，1997．

[8] 王卫民，温海深．名特水产动物养殖学［M］．北京：中国农业出版社，2017．

[9] 杨伟杰．饲料蛋白水平、投喂水平和投喂频率对克氏原螯虾生长和健康的影响［D］．武汉：华中农业大学，2023．

[10] 美国科学院国家研究委员会．鱼类与甲壳类营养需要［M］．麦康森，李鹏，赵建民，译．北京：科学出版社，2015．

[11] 赵磊．水体盐度、饲料中鱼油和虾青素水平对中华绒螯蟹雄体育肥性能、生理代谢和营养品质的影响［D］．上海：上海海洋大学，2017．